公民自救互救知识读本

田军章　叶泽兵◎主编

SPM 南方出版传媒
广东科技出版社｜全国优秀出版社
·广　州·

图书在版编目（CIP）数据

公民自救互救知识读本 / 田军章，叶泽兵主编. —广州：广东科技出版社，2021.1（2022.8重印）

ISBN 978-7-5359-7127-2

Ⅰ. ①公… Ⅱ. ①田… ②叶… Ⅲ. ①自救互救—基本知识 Ⅳ. ①X4

中国版本图书馆CIP数据核字（2019）第115758号

公民自救互救知识读本

Gongmin Zijiu Hujiu Zhishi Duben

出 版 人：朱文清

策　　划：朱文清　吕　健

责任编辑：吕　健　邓　彦　马霄行　曾永琳　李　芹　汤景清

封面设计：友间文化

责任校对：冯思婧　于强强

责任印制：彭海波

出版发行：广东科技出版社

（广州市环市东路水荫路11号　邮政编码：510075）

销售热线：020-37607413

http：//www.gdstp.com.cn

E-mail：gdkjbw@nfcb.com.cn

经　　销：广东新华发行集团股份有限公司

印　　刷：广州市东盛彩印有限公司

（广州市增城区新塘镇太平洋工业区十路2号　邮政编码：510700）

规　　格：889mm×1194mm　1/32　印张3　字数115千

版　　次：2021年1月第1版

2022年8月第7次印刷

定　　价：8.00元

目录

CONTENTS

毒！

01 急救基本技术 受用一生

急救常识打基础

生命基本体征

▲ 呼吸

正常呼吸：平静呼吸时，成人16~20次/分，儿童30~40次/分。呼吸次数与脉搏次数的比例为1：4。

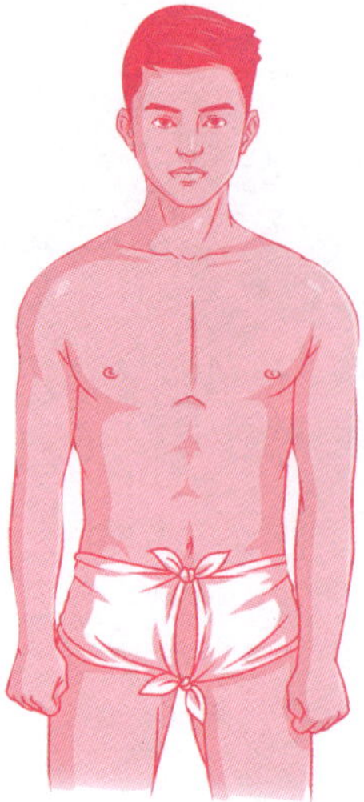

异常呼吸：①病理性呼吸增快（＞20次/分）：高热、肺炎、哮喘、心力衰竭、贫血等。②病理性呼吸减慢（＜12次/分）：颅内压增高、颅内肿瘤等。③深而大的呼吸：严重的代谢性酸中毒、糖尿病酮中毒、尿毒症酸中毒等。④呼吸浅：药物使用过量、肺气肿、电解质紊乱等。

▲ 体温

正常体温：①腋测法：36.0~37.0摄氏度，是测量体温最常用的方法。②口测法：36.3~37.2摄氏度。③肛测法：36.5~37.7摄氏度。④神志不清、抽搐和婴幼儿患者禁用口测法，可用肛测法。

异常体温：①体温升高（37.3~38摄氏度为低热，38.1~39摄氏度为中等发热，39.1~41摄氏度为高热，41摄氏度以上为超高热）：肺结核、细菌性痢疾、脑炎、中暑、流行性感冒及外伤感染等。②体温低于正常：休克、大出血、在低温环境中暴露过久等。

▲ 脉搏

正常脉搏：成人60~100次/分，儿童110~120次/分，婴幼儿130~150次/分，老年人可慢至55~75次/分。

异常脉搏：①病理性脉搏增快（≥100次/分）：发热、贫血、心力衰竭、心律失常等。②病理性脉搏减慢（≤60次/分）：颅内压增高、甲状腺机能减退等。③脉搏消失：重度休克、重度昏迷等。

▲ 血压

正常血压：成人收缩压为90~140毫米汞柱（1毫米汞柱=0.133千帕），舒张压60~90毫米汞柱。新生儿收缩压为50~60毫米汞柱，舒张压为30~40毫米汞柱。

异常血压：①高血压（成人的收缩压≥140毫米汞柱和/或舒张压≥90毫米汞柱）：高血压病、肾血管疾病、颅内压增高、动脉粥样硬化性心脏病等。②低血压（收缩压≤90毫米汞柱，舒张压≤60毫米汞柱）：休克、心肌梗死、心功能不全、严重脱水、心力衰竭、低钠血症等。

▲ 瞳孔

正常瞳孔：圆形，直径为2~4毫米，两侧等大同圆。

异常瞳孔：①瞳孔缩小：吗啡、有机磷类农药中毒时。②瞳孔扩大：麻黄素、阿托品等中毒时。③双侧瞳孔大小不等：颅内病变，如脑外伤、中风等。④双侧瞳孔散大且对光反应消失：病危濒死的征象。

急救基本流程

意识

- 伤员意识是否清醒？
- 伤员是否有反应？

通过提问或轻拍肩膀的方式进行。

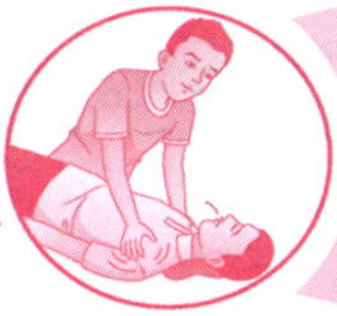

判断意识

- 伤员意识清楚，保持警觉。进行下一步，即检查气道。
- 伤员意识不清，应立即进行下一步，即检查气道。

气道

- 伤员的气道是否通畅？

观察口腔是否有异物。

否 →

清除异物

- 立即清除口腔异物，气管通畅后，进行下一步检查，即检查呼吸。

是 ↓

呼吸

- 伤员呼吸是否正常？

通过看、听和感觉判断。

否 →

判断呼吸

- 如果有第三人在场，请人帮忙拨打120急救电话。
- 立即进行胸外心脏按压和人工呼吸。
- 无须再进行下一步检查。

是 ↓

循环

- 有严重失血的体征吗？

是否有外伤？血压稳定吗？

是 →

止血包扎

- 立即止血。
- 拨打120急救电话。

否 ↓

- 如果没有危及生命的情况，或无其他病症出现，则可以进行进一步检查（病史、症状和体征等）。

ABCD急救四步骤要记清

A：判断（Assessmenting）急救现场环境

①保持镇定，迅速判断现场环境是否安全，如果现场环境存在危险，先排除危险；如果无法排除危险，则立即转移。

②快速判断引起伤者损伤和疾病的原因、伤者人数。

③判断现场可用资源有哪些，需要什么支援。

B：开始（Beginning）快速识别伤（病）情

▲ 意识

通过大声呼喊患者、轻轻拍打患者手脚、拧掐患者皮肤来判断患者意识是否清晰，但不能摇晃患者的身体。

▲ 气道

如果患者意识不清或者有反应但不能说话、咳嗽，有可能是气道堵塞，必须立即检查和清除异物。

▲ 呼吸

通过观察患者的胸部是否上下起伏和把手指放在患者鼻孔下方感觉是否有呼气判断患者呼吸是否停止。如果发现患者已经停止呼吸，必须对患者采取人工呼吸的救生措施。

▲ 脉搏

把食指和中指轻轻放在患者的手腕、大腿根、喉咙两侧（颈动脉处），感觉是否能够摸到患者的脉搏。如果患者失去意识，同时又感觉不到患者的脉搏，必须立即采取心肺复苏救生措施。

C：呼救和拨打（Calling）急救电话

▲ **报警电话**

120（全国统一急救电话）

110（报警电话）

119（火警电话）

122（交通事故报警电话）

▲ **报警须知**

①意外发生地点，尽可能指出附近街道的交汇处或其他显著标志。

②报告人姓名与联系电话。

③患者目前最危重的情况，如清醒程度、呼吸状况、脉搏情况、有无大出血等。

④发生灾害事故、突发事件时，说明意外原因，伤害性质，严重程度，患者人数、年龄、性别等。

⑤现场所采取的救护措施。

▲ **特别注意**

报警时，请千万不要先挂断电话，要等救护医疗服务系统调度人员先挂断。

D：实施（Doing）现场急救

▲ 实施具体急救技术，基本技能包括徒手心肺复苏术，外伤的止血、包扎、固定与搬运等。

▲ 现场急救原则：先救命后治伤，先重伤后轻伤，先抢后救，抢中有救，尽快脱离事故现场，先分类再运送，医护人员以救为主，其他人员以抢为主，各负其责，相互配合，以免延误抢救时机。

黄金抢救时间（4～6分钟内）：在心跳呼吸停止时大脑的血流灌注即刻停止，随之供氧也同时停止，只要供氧停止短短4～6分钟就可以造成脑组织的不可逆损伤，因此这个时间即为实施心肺复苏的黄金时间，当然，考虑患者预后，4分钟内更好。

开放气道：连通生命的大门

畅通气道

▲ 抬头举颏法

① 救护人用一只手的小鱼际部位置于患者的前额并稍加用力使头后仰，另一只手的食指、中指置于下颏将下颌骨上提。

② 救护人手指不要深压伤者颏下软组织，以免阻塞气道。

▲ 双下颌上提法

① 救护人员双手手指放在患者下颌角，向上或向后方提起下颌。

② 头保持正中位，不能使头后仰，不可左右扭动。

③ 适用于怀疑颈椎外伤的患者。

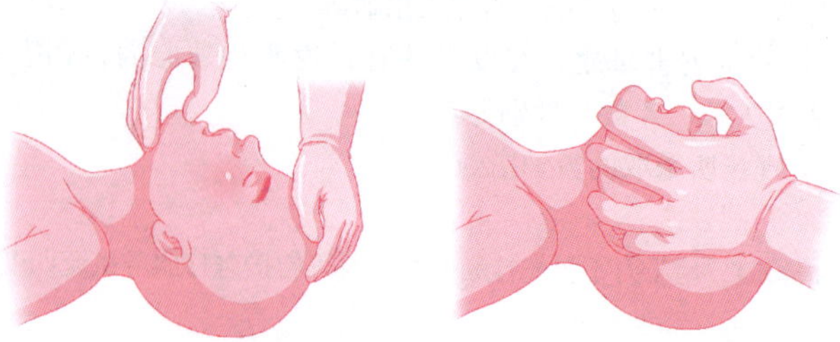

清除异物

检查患者口腔及气道，若有明显异物，如呕吐物、脱落的牙齿等，可用手指挖出。如果患者没有脊柱受伤，可将头偏向一侧清理口腔异物。

检查呼吸

救护人将患者气道打开，利用眼看、耳听、皮肤感觉在5秒时间内，判断伤员有无呼吸。

一听：侧头用耳听患者口鼻的呼吸声。二看：用眼看胸部或上腹部随呼吸而上下起伏。三感觉：用面颊感觉呼吸气流。

如果胸廓没有起伏，并且没有气体呼出，患者即不存在呼吸，这一评估过程不超过10秒。

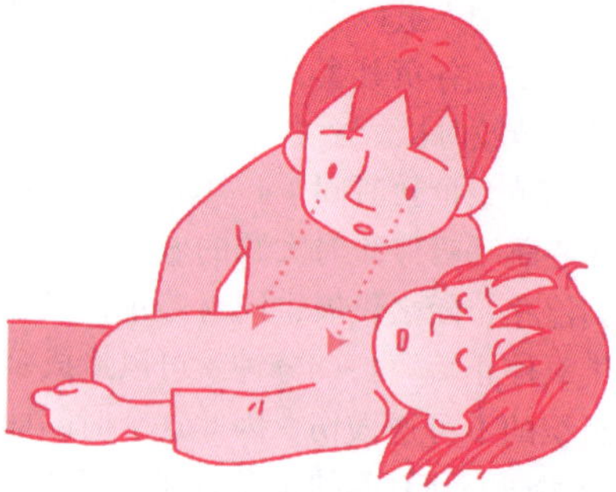

救护人经检查后，判断患者呼吸停止，应在现场立即给予口对口（口对鼻、口对口鼻）、口对呼吸面罩等人工呼吸救护措施。

检查脉搏

判断心跳（脉搏）应选大动脉测定脉搏有无搏动。成人及7岁以上儿童触摸颈动脉，7岁以下婴幼儿触摸肱动脉，应在5～10秒内较迅速地判断伤员有无心跳。

▲ 颈动脉触摸

用一只手食指和中指置于颈中部（甲状软骨）中线，手指从颈中线滑向甲状软骨和胸锁乳突肌之间的凹陷，稍加力度触摸到颈动脉的搏动。

检查颈动脉不可用力压迫，避免刺激颈动脉窦使得迷走神经兴奋而反射性地引起心跳停止，并且不可同时触摸双侧颈动脉，以防阻断脑部血液供应。

▲ 肱动脉触摸

肱动脉位于上臂内侧，肘和肩之间。将婴幼儿手臂打开，一手固定婴儿头部，另一手食指和中指置于肱动脉位置，稍加力度检查是否有搏动。

摆放正确体位

对于意识不清者，取仰卧位或侧卧位，便于复苏操作及评估复苏效果。在可能的情况下，将患者翻转为仰卧位时应放在坚硬的平面上。

若患者没有意识但有呼吸和脉搏，为了防止舌后坠或唾液及呕吐物阻塞呼吸道引起窒息，对患者应采用侧卧位，使唾液等容易从口中引流。

体位应保持稳定，易于患者翻转其他体位，保持利于观察和通畅的气道；超过30分钟，翻转患者到另一侧。

注意不要随意移动患者，以免造成伤害。如不要用力拖动、拉起患者，不要搬动和摇动已确定有头部或颈部外伤者等。在为有颈部外伤者翻身时，为防止颈椎再次损伤引起截瘫，应有另一人保持患者头、颈部与身体同一轴线翻转，做好头、颈部的固定。

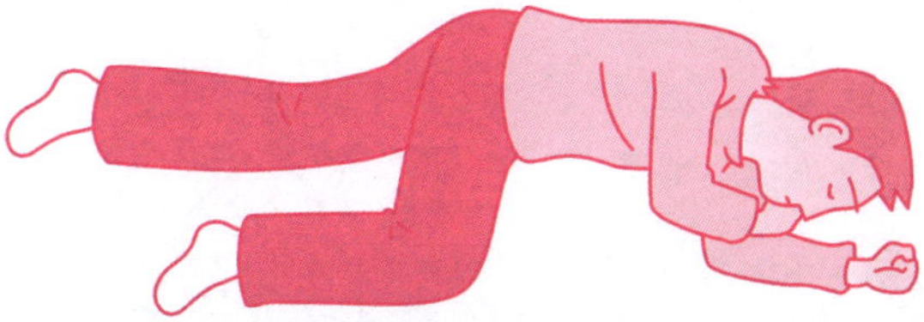

心肺复苏术：恢复生命的引擎

心肺复苏术又称CPR，是针对患者停止呼吸和心脏骤停时，用人工呼吸、胸外心脏按压和自助体外除颤仪（AED）进行抢救的一种技术。心脏病、溺水、车祸、药物中毒、高血压、触电、异物堵塞，都可能引起心跳骤停、呼吸停止，均可用心肺复苏术来抢救。

胸外心脏按压（Compressions）

施救者先使患者仰面平卧于坚实的平面上，然后自己的两腿自然分开，与肩同宽，跪于患者肩与腰之间的一侧。

▲ 操作方法

施救者以靠近患者的下肢手（定位手）的中指沿患者的肋缘自下而上移动至肋缘交会处（剑突），伸出食指与中指并排，另一手掌根置于此两指旁，再以定位手叠放于这只手的手背上，手指相扣，贴腕跷指，手指跷起勿压胸肋，以髋关节为轴用力，肘关节伸直向下压（垂直用力），手掌下压深度为5～6厘米，每分钟做100～120次。

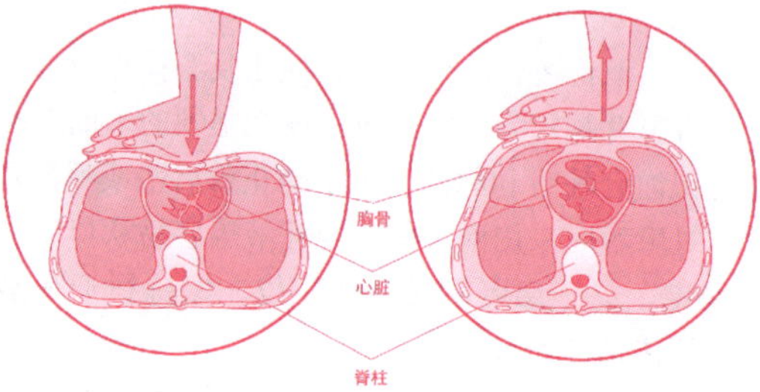

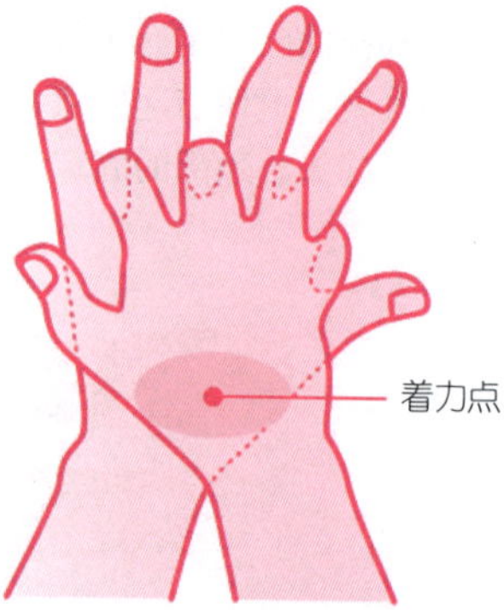

人工呼吸（Breathing）

▲ 口对口人工呼吸

①使患者仰卧，头后仰，将衣领解开，腰带放松。

②清除患者口鼻内的异物和污物，保持呼吸道通畅。

③救护人一手放在患者前额，并用拇指和食指捏住患者的鼻孔，另一手托起患者颌部使其头部尽量往后仰，保持气道开放状态。然后深吸一口气，张开口以封闭患者的嘴周围（婴幼儿可连同鼻一块包住），向患者口内连续吹气2次，每次吹气时间为1～1.5秒，吹出1/3左右的气，直到患者胸廓升起，停止吹气。松开贴紧患者的嘴，并放松捏住鼻孔的手，将脸转向一旁，用耳听是否有气流呼出，再深吸一口新鲜空气为第二次吹气做准备。当患者呼气完毕，即开始下一次同样的吹气。

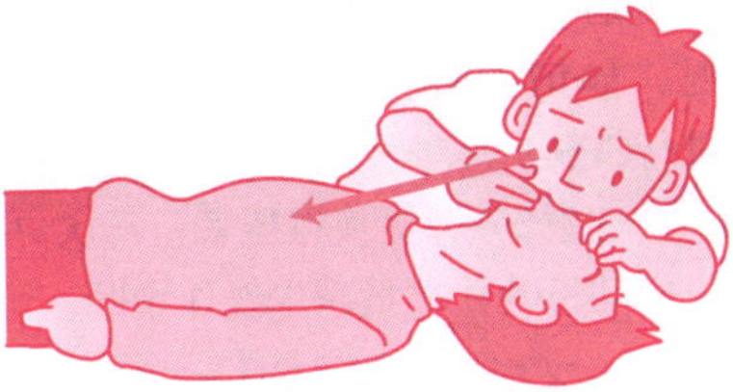

▲ 口对鼻人工呼吸

当患者有口腔外伤或其他原因导致口腔不能打开时，可采用口对鼻吹气。与口对口人工呼吸不同的是，用手托住患者下颌并使其口唇严密封闭，用口包住患者鼻部，用力向患者鼻孔内吹气，吹气和观察方法同上。

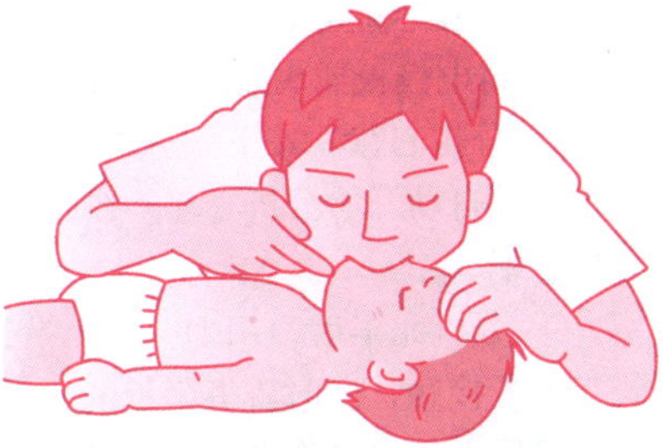

特别注意

◎ 仰卧人工呼吸时必须拉出患者舌头，以免舌头后缩阻塞呼吸道。

◎ 人工呼吸要有节奏（每分钟约20次），并耐心、持续地进行，直到患者恢复自主呼吸为止。

按压呼吸比

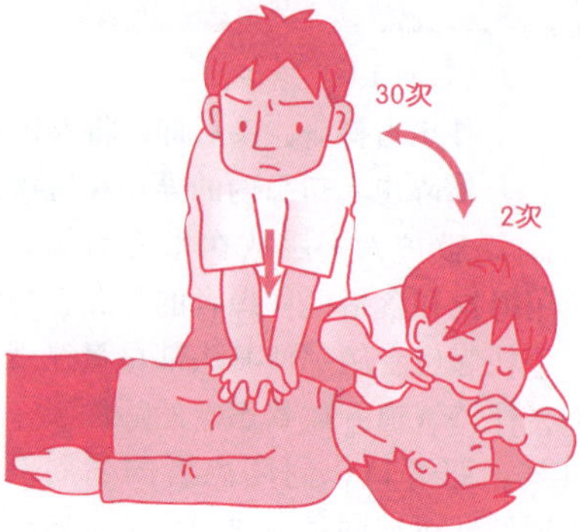

胸外心脏按压与人工呼吸应交替进行，比例为30：2，单人操作心脏按压30次，吹气2次；双人操作时，一人做30次心脏按压，另一人吹气2次。重复做，直至患者恢复自主呼吸。

5个按压/通气周期（约2分钟）后，再次检查和评价患者情况，如仍无循环体征，立即重新进行CPR。

注意2分钟更换按压者，每次更换尽量在5秒内完成。完成CPR过程中不应搬动患者并尽量减少操作中断。

自助体外除颤（AED）

当可以立即取得AED时，应尽快对心脏骤停患者使用除颤器。

① 擦干患者皮肤，根据语音提示，将AED电极片贴到患者胸部相应位置。一个电极片放在患者右上胸壁（锁骨下），另一个放在左乳头外侧，上缘距腋窝7厘米左右，在粘贴电极片前停止心肺复苏操作。

② 将电极板插头插入AED主机插孔。

③ 分析心律。按下“分析”键（有些型号在插入电极板后会发出语音提示，并自动开始分析心率，在此过程中请不要接触患者），AED将会开始分析心率。

④ 分析完毕后，AED会发出是否进行除颤的建议。有除颤指征时，不要与患者接触，同时告诉附近的人远离患者，由操作者按下“放电”键除颤。

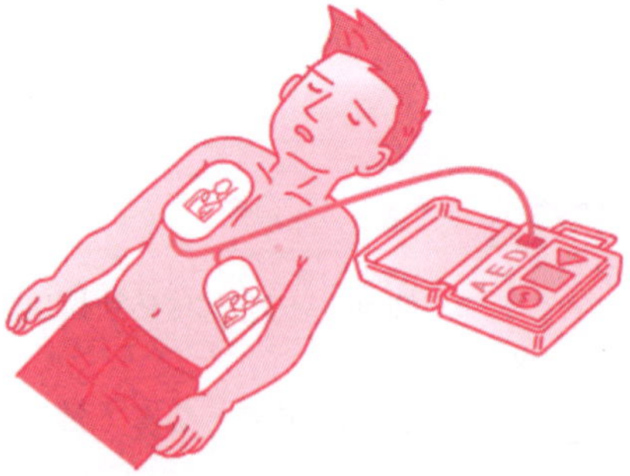

⑤ 除颤结束后，AED会再次分析心律，如未恢复有效灌注心律，操作者应进行5个周期CPR，然后再次分析心律、除颤、CPR，反复至患者意识清醒或专业急救人员到来。

特别注意

◎ 应用AED前，需解开或剪开衣物，完全暴露患者前胸部，去除或移除患者胸前所有可移除的金属物体如表链、徽章及饰物等，确保胸前没有异物，以免影响电击，减弱或散失除颤能量。

◎ 对有置入永久起搏器和埋藏式心律转复除颤器的患者进行电除颤时，应将电极板置于距离上述装置约2.5厘米处，而不可靠得过近，否则可能使起搏器失灵。接受AED除颤后的此类患者，应重新监控心脏辅助装置。

成人心肺复苏操作视频

儿童心肺复苏操作视频

AED使用视频

心肺复苏有效指标

▲ 颈动脉搏动

当按压有效时，每按压1次可触摸到颈动脉1次搏动，若中止按压搏动亦消失，则应继续进行胸外按压，如果停止按压后脉搏仍然存在，说明患者心搏已恢复。

▲ 面色（口唇）

复苏有效时，患者面色由紫绀转为红润，若变为灰白，则说明复苏无效。

▲ 其他

复苏有效时，患者可自主呼吸，或瞳孔由大变小并对光有反射，甚至有眼球活动及四肢抽动。

心肺复苏终止标准

现场心肺复苏救护应坚持不间断地进行，不可轻易做出停止复苏的决定，如符合下列条件者方可考虑终止复苏。

① 患者自主呼吸和心搏已有效恢复。

② 无心搏和自主呼吸，CPR在常温下持续30分钟以上，医疗救护人员到场确定患者已死亡。

③ 有医疗救护人员接手复苏救治或其他人员接替抢救的指标。

应对创伤，必学的止血法

人的总血液量占体重的7%～8%，失血1/3就会带来生命危险。当发现患者大量出血时，必须立即对患者采取止血措施。

指压动脉止血法

按压止血法是通过手指压迫伤口近心端的动脉来达到阻断血流而止血的目的，是一种临时的止血方法，用于出血量较多的伤口，有快速止血的作用。使用时应注意抬高患肢（即受伤的肢体）、位置准确、力度适中。各主要部位的止血方法如下。

▲ 颞浅动脉压迫点

用于头额部出血，压迫同侧耳屏前的颞浅动脉。

▲ 肱动脉压迫点

上肢（上臂远端以远）出血，在上臂中段内侧向后外压迫肱动脉。

▲ 指动脉压迫点

手指出血，压迫同指根部两侧的指动脉。

▲ 股动脉压迫点

下肢大出血时，用拳头或掌根压迫同侧腹股沟中点内下方的股动脉。

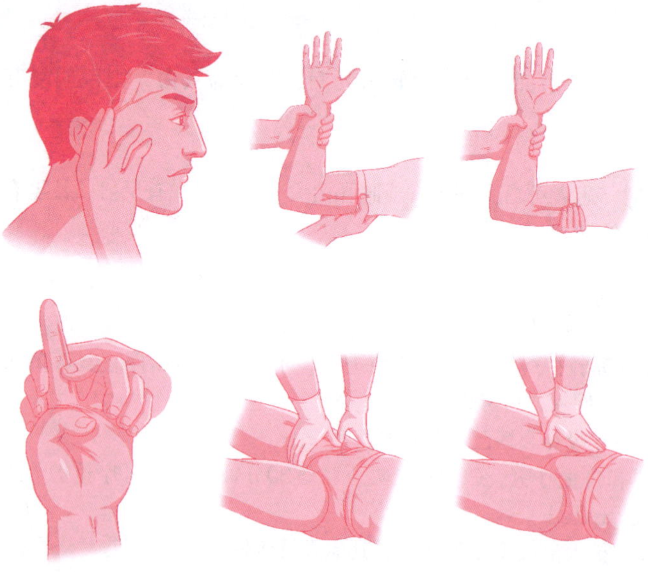

常用止血方法视频

加压包扎止血法

这是最常用的止血方法之一，在伤口上覆盖无菌敷料后，用纱布、棉花、毛巾、衣服等折叠成相应大小的软垫，置于无菌敷料上面，然后再用绷带、三角巾等紧紧包扎，松紧以停止出血为度。这种方法用于小动脉、静脉或毛细血管的出血。但伤口内有碎骨片时，禁用此法，以免加重损伤。

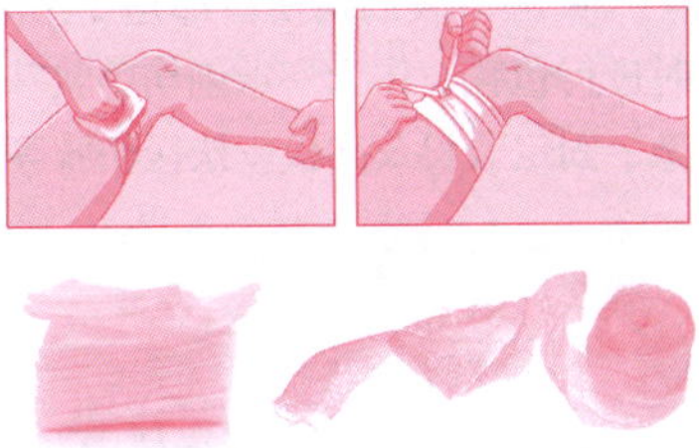

填塞止血法

用无菌的棉垫、纱布等，紧紧填塞在伤口内，再用绷带或三角巾等进行加压包扎，松紧以达到止血目的为宜。本法用于中等动脉及大、中静脉损伤出血，或伤口较深、出血严重时。

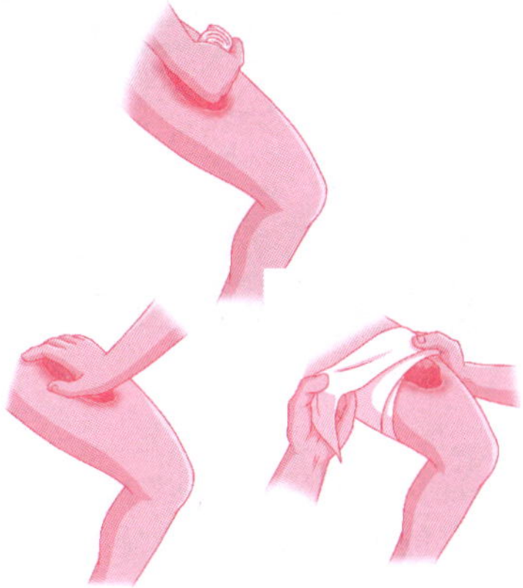

止血带止血法

本法是四肢较大动脉出血时救命的重要手段，用于其他止血方法都不能奏效时。如使用不当可能出现肢体缺血、坏死及急性肾功能衰竭等严重并发症。

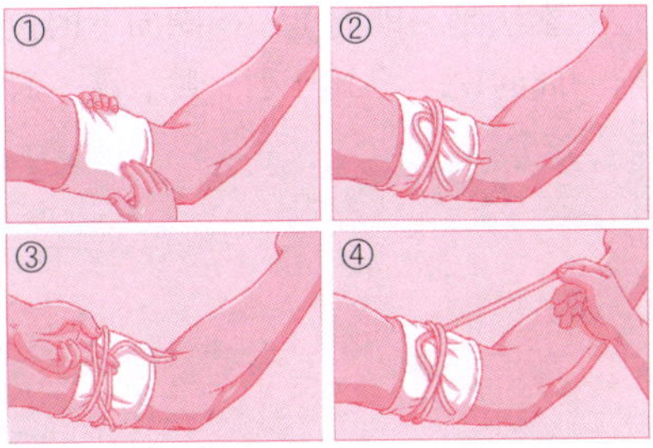

在止血的过程中，禁用铁丝、电线、绳索等作为止血带，可用带有弹性的纱布或橡胶管作为止血带，松紧要适度，以刚好使伤口不出血为度，避免影响正常的血液循环。用止血带止血时，应在捆扎40～50分钟后松开2～3分钟。

包扎：不同部位，不同技巧

灾害事故创伤伤口都是受污染伤口，为了防止伤员伤口的再污染，要及时进行包扎。作为一项创伤急救基本技能，包扎具有止血、保护伤口、防止污染、固定敷料及夹板、扶托伤肢等作用，是创伤早期救治不可或缺的步骤。

绷带包扎法

▲ 环形包扎法

在肢体某一部位环绕数周，每1周重叠盖住前1周。常用于手、腕、足、颈、额等处，以及在大面积包扎的开始和末端作固定用。

绷带包扎视频

▲ 螺旋包扎法

包扎时，做单纯螺旋上升，每重叠1周压盖前1周的1/2，多用于肢体和躯干等处。

▲ “8”字形包扎法

本法是一圈向上、一圈向下的包扎，每周在正面和前1周相交，并压盖前一周的1/2，多用于肘、膝、踝、肩、髋等关节处。

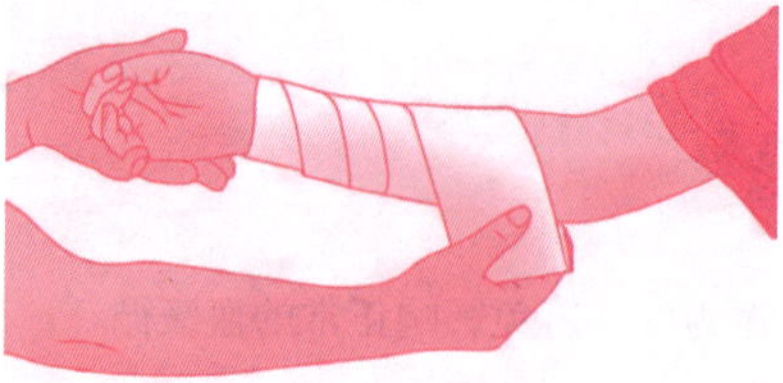

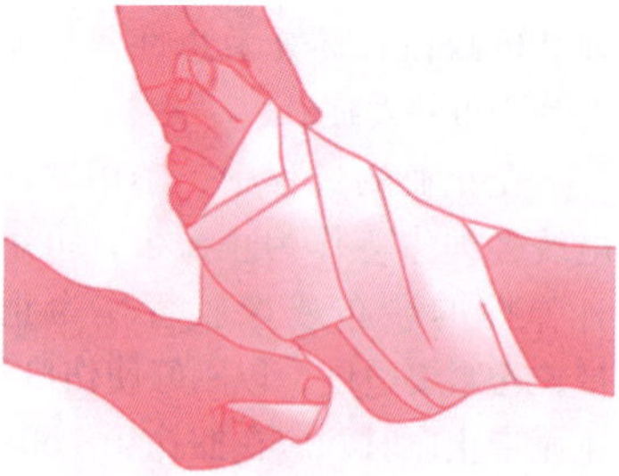

三角巾包扎法

▲ 头部包扎

将三角巾的底边折叠两层，约2指宽，放于前额齐眉以上，顶角拉向后颅顶部。三角巾的两底角经两耳上方，拉向枕后，先做一个半结，压紧顶角。将顶角塞进结里，然后再将左右底角绕到前额打结。

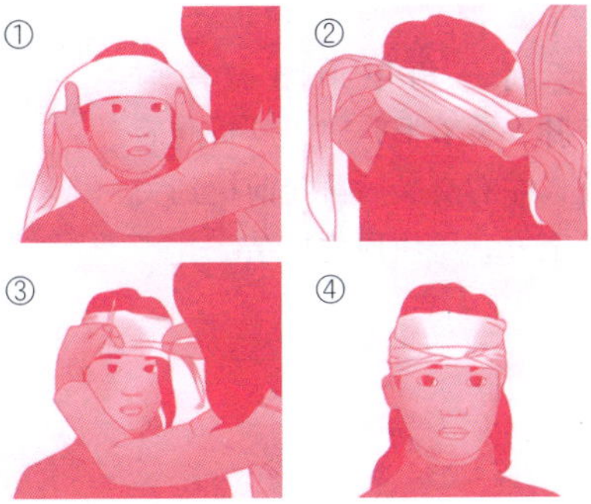

▲ 面部包扎

在三角巾顶角处打一结，套于下颌部，底边拉向枕部。上提两底角，拉紧并交叉压住底边，再绕至前额打结。包完后在眼、口、鼻处剪开小孔。

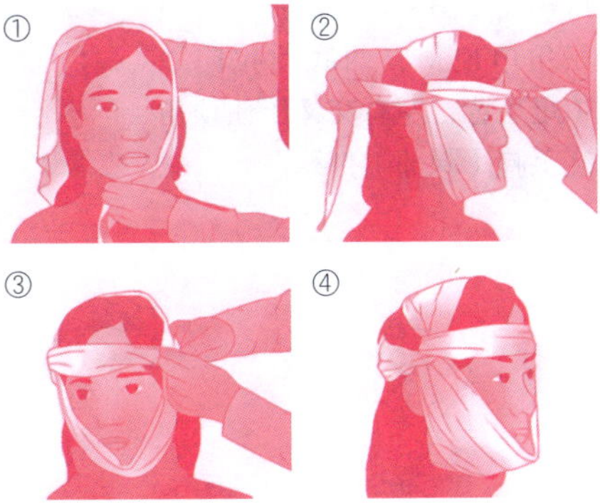

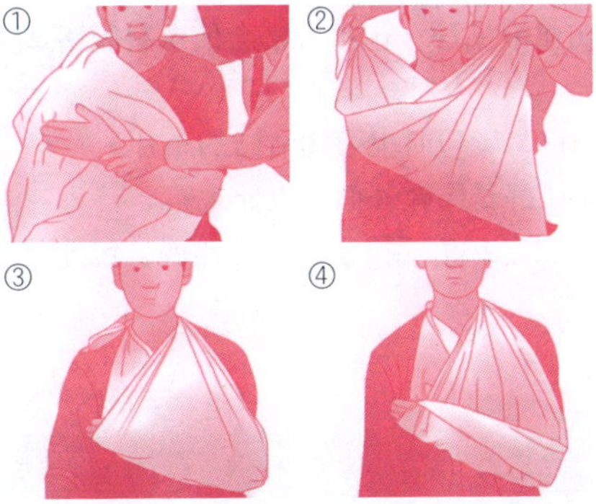

▲ 胸背部包扎

取燕尾三角巾两条，两底角打结相连，将连接点置于一侧腋下的季肋部，另外两个燕尾底边角围绕胸背部在对侧打结。然后将胸背燕尾的左右两角分别拉向两肩部打结。

▲ 肘（膝）关节包扎

将三角巾顶角盖在肘（膝）关节上，底边反折向后拉，左右交叉后再向前拉到关节上方，压住顶角打结。

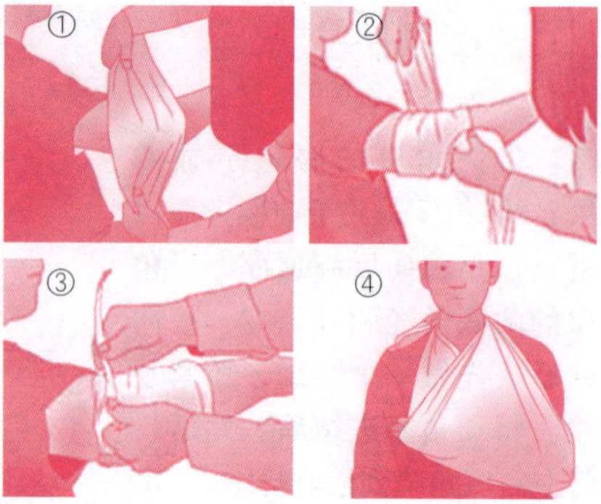

▲ 手、足包扎

手（足）心向下放在三角巾上，手指（足趾）指向三角巾顶角，两底角拉向手（足）背，左右交叉压住顶角绕手腕（踝部）打结。

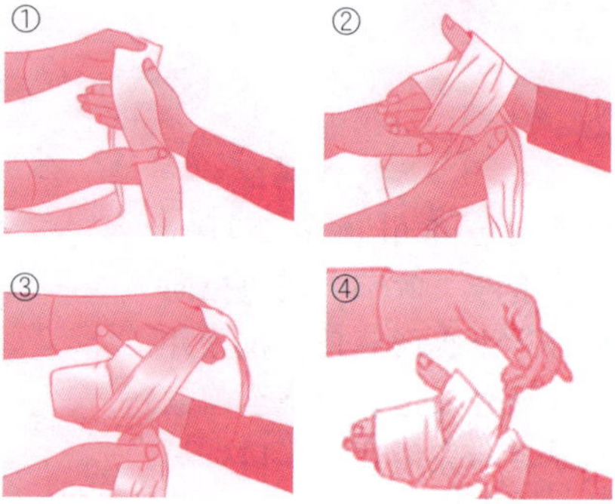

三角巾使用视频

特别注意

◎ 动作要迅速准确，不能加重伤员的疼痛、出血和污染伤口。

◎ 包扎不宜太紧，以免影响血液循环；包扎太松会使敷料脱落或移动。

◎ 最好用消毒的敷料覆盖伤口，紧包时也可用清洁的布片。

◎ 包扎四肢时，指（趾）端最好暴露在外面，以便观察。

◎ 应用三角巾包扎时，边要固定，角要拉紧，中心伸展，包扎要贴实，打结要牢固。

骨折固定：你懂几种

判断指征

骨折，指骨的连续性中断。局部常产生三种典型的体征。

▲ 畸形

骨折端移位可使患肢外形发生改变，主要表现为缩短、成角、延长。

▲ 异常活动

正常情况下肢体不能活动的部位，骨折后出现不正常的活动。

▲ 骨擦音或骨擦感

骨折后两骨折端相互摩擦撞击，可产生骨擦音或骨擦感。

骨折还同时伴有局部肿胀疼痛，还可能出现瘀血和青紫色瘀斑。严重骨折患者常因广泛的软组织损伤、大量出血、剧烈疼痛或并发内脏损伤等而引起休克。闭合骨折的出血属于隐形失血，主要是骨髓腔渗血，在体外看不到，千万不要掉以轻心。

固定原则

① 用双手稳定及承托伤员受伤部位，限制骨折处的活动，并放置软垫，用绷带、夹板或替代品妥善固定伤肢。如上肢受伤，则将伤肢固定于躯干；如下肢受伤，则将伤肢固定于另一健肢。

② 应垫高伤肢，减轻肿胀。

③ 如伤肢已扭曲，可用牵引法将伤肢沿骨骼轴心轻轻拉直；若牵引时引起伤员剧痛或皮肤变白应立即停止。

④ 完成包扎后，如伤员出现伤肢麻痹或脉搏消失等情况，应立即松解绷带。

⑤ 如伤口中已有脏物，不要用水冲洗，不要使用药物，也不要试图将裸露在伤口外的断骨复位。应在伤口上覆盖灭菌纱布，然后适度包扎固定。

⑥ 如伤口中已嵌入异物，不要拔除。可在异物两旁加上敷料，直接压迫止血，并将受伤部位抬高，在异物周围用绷带包扎。千万注意不要将异物压入伤口，造成更大伤害。

⑦ 拨打急救电话求救。

颈部固定

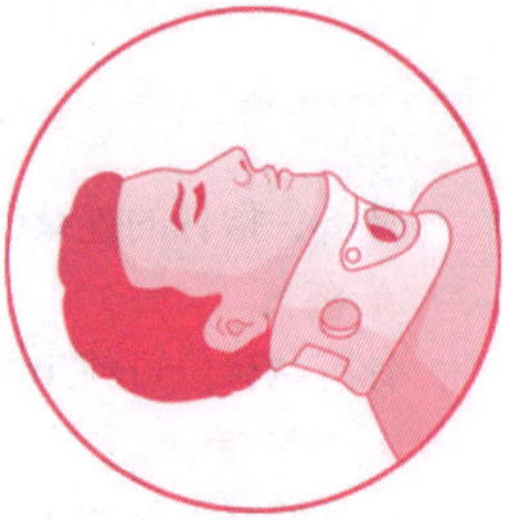

对怀疑或已明确颈椎骨折的伤员，第一时间必须妥善有效固定颈椎，先用“头锁”（即施救人员跪在伤员头部，双手拇指放于伤员前额，其余手指放于伤员耳前2指、耳后2指，持续向上、向后牵拉伤员头部）防止颈椎移位、加重损伤。在持续牵拉的基础上用颈托或折叠的衣服等固定颈部，专业人员可使用头部固定器、脊柱板妥善固定患者。

胸部固定

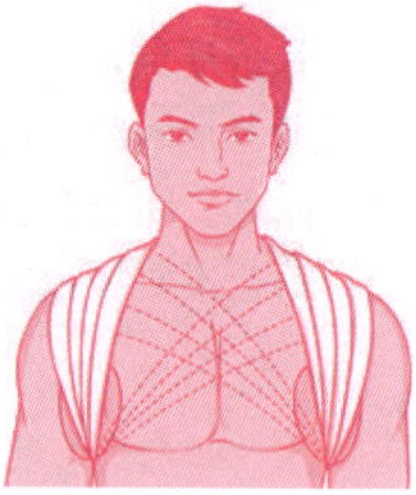

◎锁骨骨折固定：将2条指宽的带状三角巾分别环绕2个肩关节，于肩部打结；再分别将三角巾的底角拉紧，在两肩过度后张的情况下，在背部将底角拉紧打结。

◎肋骨骨折固定：方法同胸背部包扎。

上肢骨折固定

◎肱骨骨折固定：用两条三角巾和一块夹板将伤肢固定，然后用一块燕尾式三角巾中间悬吊前臂，使两底角向上绕颈部后打结，最后用一条带状三角巾分别经胸、背于健侧腋下打结。

◎肘关节骨折固定：当肘关节弯曲时，用2块带状三角巾和1块夹板把关节固定。当肘关节伸直时，可用1卷绷带和1块三角巾把肘关节固定。

◎桡、尺骨骨折固定：用一块合适的夹板置于伤肢下面，用2块带状三角巾或绷带把伤肢和夹板固定，再用一块燕尾三角巾悬吊伤肢，最后再用一条带状三角巾的两底边分别绕胸、背于健侧腋下打结固定。

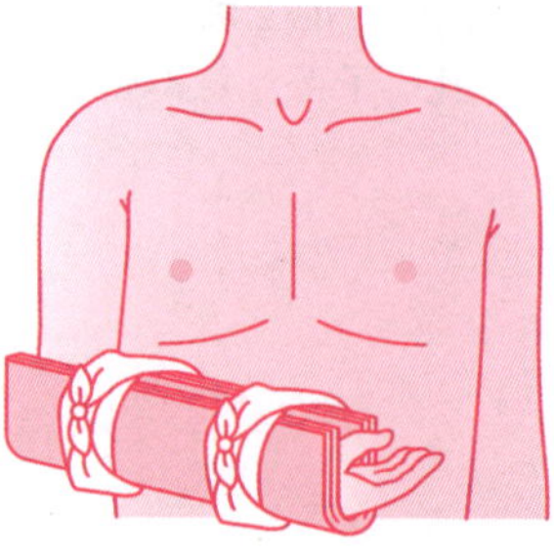

上肢骨折固定视频

下肢骨折固定

◎股骨骨折：用1块长夹板（长度为伤员的腋下至足跟）放在伤肢外侧，另用1块短夹板（长度为会阴至足跟）放在伤肢内侧，在腋下、膝关节、踝关节骨突出部位放棉垫保护，空隙处用柔软物品填实，再用7条宽带固定。先固定骨折上下两端，然后固定膝、踝、腋下和腰部，若固定带不足，可至少用4条固定带或毛巾、衣物等分别在腋下、腰部、大腿根部及膝部分别环绕伤肢包扎固定，注意在关节突出部位要放软垫。如只有一块夹板，则放于伤腿外侧，从腋下到外踝，固定方法同上。若无夹板时，可以采用自体固定法把伤肢固定在健侧肢体上。

◎胫、腓骨骨折固定：与股骨骨折固定相似，夹板长度稍超过膝关节即可。

大腿骨折夹板固定视频1

大腿骨折夹板固定视频2

小腿骨折夹板固定视频1

小腿骨折夹板固定视频2

胸腰椎骨折固定

对于胸腰椎骨折患者，切忌现场随便翻动。急救者应站在伤员患侧，保护好其头颈部、胸腰部，采取轴线翻身，平躺置于硬担架或脊柱板上，用包扎带捆绑妥当。

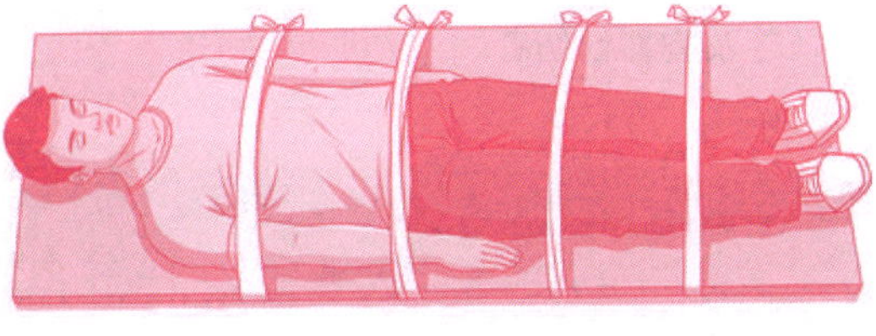

骨盆骨折固定视频

特别注意

◎ 千万注意救助动作，不要加重伤员损伤。

◎ 注意灭菌消毒，不要使伤口感染或导致破伤风。

◎ 发生骨折的原因很多，救治的方法也有所不同，应将伤员及时送往医院，由专业人员救治。

随机应变，搬运原来并不简单

徒手搬运

徒手搬运是指在搬运伤员过程中凭人力和巧劲，不使用任何器具的一种搬运方法。该方法常适用于狭窄的阁楼和通道等担架或其他简易搬运工具无法通过的地方。

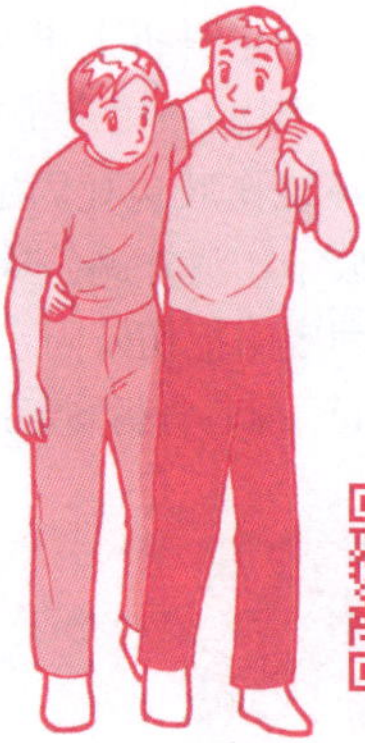

▲ 扶行法

由1位或2位救护人托住伤员的腋下，也可让伤员一手搭在救护人的肩上。救护人一手将其握住，另一手扶伤员的腰部，然后和伤员一起缓慢移步。扶行法适用于病情较轻、能够站立行走的伤员。

扶行法视频

▲ 背扶法

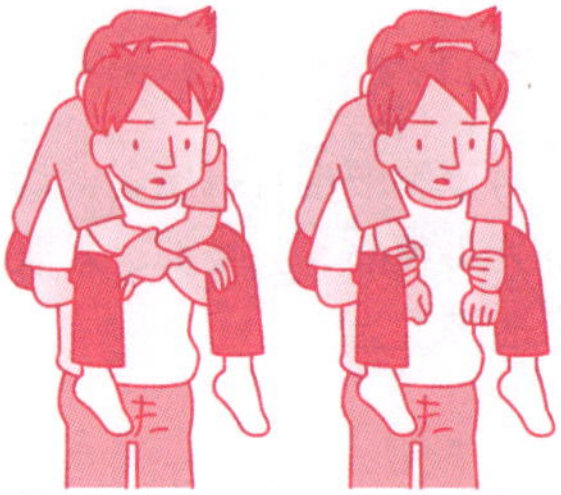

救护人先蹲下，然后将伤员上肢拉到自己胸前，使伤员前胸紧贴自己后背，再用双手托住伤员的大腿中部，使其大腿向前弯曲，救护人站立后上身略向前倾斜行走。呼吸困难的伤员，如患有心脏病、哮喘、急性呼吸窘迫综合征等及胸部创伤者不宜使用此法。

背扶法视频

▲ 手托肩背（抱持法）

① 救护人将伤员的一侧上肢搭在救护人的肩上，然后一手抱住伤员的腰，另一手抱起大腿，手掌托其臀部。

② 伤员的躯干绕在救护人颈背部，上肢垂于救护人胸前，救护人一手压其上肢，另一手托其臀部。

抱持法视频

▲ **双人搭椅**

2位救护人站立于伤员的两侧，然后两人一起弯腰，各用一手伸入伤员大腿下方相互十字交叉紧握，另一手彼此交替支持伤员背部；或者救护人右手紧握自己的左手手腕，左手紧握另一救护人的右手手腕，形成“口”字形搬运。这两种方法都因类似于椅子而得名。

双人搬运视频

▲ **拉车式**

1位救护人站在伤员的头侧，两手从伤员腋下抬起，将其头部抱在自己胸前。另一救护人面向前方蹲在伤员一侧，同时夹住伤员的两腿，两人步调一致慢慢将伤病员抬起。

器械搬运

▲ **担架搬运**

担架搬运是院前急救最常用的方法，使用过程中须注意：

① 对不同伤病情的伤员要用不同体位搬运。

② 伤员抬上担架后必须扣好安全带，以防翻落。

③ 伤员上下楼梯时应保持头高位，尽量保持水平状态。

④ 担架上车后应当固定，伤员应保持头朝前脚向后的体位。

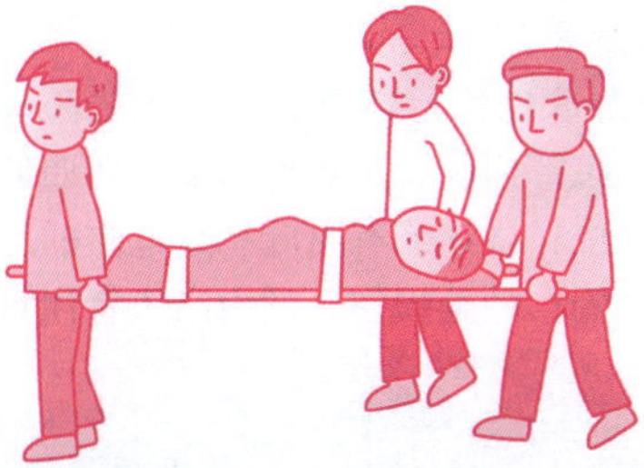

脊柱骨折搬运视频

▲ 床单、被褥搬运

遇有狭窄楼梯、道路，担架或其他搬运工具难以搬运，或天气寒冷，徒手搬运会使患者受凉的情况下所采用的一种方法。搬运步骤为：取一条牢固的床单（被褥、毛毯），把一半平铺在床上，将患者轻轻搬到被单上，然后把另一半盖在患者身上，露出头部，搬运者面对面抓紧床单两角，保持患者脚前头后（上楼者相反）的体位缓慢移动。这种搬运方法会使患者肢体弯曲，故胸部创伤、四肢骨折、脊柱损伤及呼吸困难等患者不能使用。

特别注意

◎ 搬运前一定要充分评估患者病情，贸然转移反而会带来更大的危害。

◎ 心肺呼吸骤停者必须立即进行心肺复苏；活动性出血必须先予以止血包扎；骨折伤者要先将受伤的肢体进行有效固定；休克患者要给予抗休克治疗再行搬运。

◎ 不同的伤病情、不同的救护环境采用不同的搬运方法，要熟练掌握，灵活运用。

◎ 搬运过程中动作要轻柔，多人搬运动作要协调一致。

◎ 利用工具搬运时，须将患者有效固定在工具上，必须有防护措施。

◎ 应根据患者病情摆放体位：休克患者适当垫高头部和下肢，采用休克卧位；腹部内脏脱出者取双下肢屈曲仰卧位；呼吸困难者可取半卧位；昏迷或有呕吐窒息危险的患者应取侧卧或仰卧头转向一侧；颅脑损伤、颅内高压者注意头抬高的角度等。

02 生活事故 化险为夷

触电

急救口诀

遇触电，莫上前，关上电源挑电线。
重叩击，在心前，心肺复苏是关键。
防心颤，不乱搬，醒后搬运送医院。

急救要领

① 关闭电源：迅速关闭电源开关、拉开电源总闸刀是最简单、安全而有效的方法。

② 挑开电线：救护人利用干燥木棒、竹竿等绝缘物品挑开接触患者的电线，使患者迅速脱离电源，并将此电线固定好，避免他人触电。

③ 斩断电路：若在野外或远离电源开关的地方，尤其是雨天，不便接近触电者以挑开电源线时，可在现场20米以外用绝缘钳子或有干燥木柄的铁锹、斧头、刀等将电线斩断。

④ “拉开”触电者：如患者仍在漏电的机器上，应赶快用干燥的绝缘棉衣、棉被将患者推拉开；千万别直接拉患者，否则会一起触电。

⑤ 脱离电源后，确认触电者心跳和呼吸情况，如果停止，急救者应立即用人工呼吸和胸外心脏按压，进行心肺复苏。

⑥ 在电灼伤创面周围皮肤用碘伏处理后，加盖无菌敷料包扎，以减少污染。在高空高压线触电抢救中，要注意避免摔伤的可能性。

注意事项

◎ 未切断电源之前，救护人切忌用手直接拉碰触电者，这样会导致自己也立即触电而伤，因为人体是导体，极易传电。

◎ 对于触电者的急救应分秒必争。有些严重电击患者当时症状虽不重，但在1小时后可突然恶化，所以不能掉以轻心；有些患者触电后，心跳和呼吸极其微弱，甚至暂时停止，处于“假死状态”，其实正是抢救的黄金期，不可轻易放弃对触电患者的抢救。

◎ 发生呼吸、心跳停止的患者，救护人应一面进行心肺复苏，一面紧急联系附近医院做进一步治疗；在转送患者去医院途中，抢救工作不能中断。

烧烫伤

急救口诀

扑灭火，离热源。冷创口，包扎简。
稳情绪，防入睡。抗休克，液体盐。

急救要领

① 首先隔断热源，远离造成烧烫伤的炉子、火等。

② 烫伤后，应首先冷却伤处，在第一时间用清水冲洗伤口10分钟以上对创面降温，直至脱离冷水后疼痛减轻。

③ 身上有火时尽快脱去着火的衣服，如来不及，应迅速卧倒，慢慢地滚动以压灭火苗，如有凉水，应立即将受伤部位浸入水中，以降低局部温度。切勿奔跑呼叫或用双手扑打火焰，以免助长燃烧或造成头面部、呼吸道及双手烧伤。

④ 对轻度烧烫伤创面，可将创面冲洗后，拭干，迅速涂抹京万红软膏，不要给创面涂抹牙膏、酱油等，以防感染。

⑤ 如烧烫伤较为严重，衣服和表皮粘连，可用剪刀剪开衣服，或用冷水浸湿降温后，再慢慢脱掉，防止蹭掉皮肤。

⑥ 重度烧烫伤的创面需经凉水冲洗后，用保鲜膜覆盖创面，再用干净的毛巾或敷料覆盖保护创面，送往医院救治。

⑦ 烧烫伤患者容易有口渴症状，不要给患者喝白水、矿泉水，以免引发脑水肿和肺水肿等并发症。可让患者少量多次喝些淡盐水，以补充血容量，防止休克。

注意事项

◎ 接触高温、电或化学品时，要特别注意保护皮肤的安全。

◎ 即使是轻度烧烫伤，在自行处理后，也应该去医院就诊。

◎ 如烫伤或烧伤严重，不可使用烫伤药膏或其他油剂，不可刺穿水疱。

气管异物

异物卡在气管，可使气管阻塞，导致肌肉痉挛。如果阻塞不严重，患者可自行清除。如果阻塞严重，患者会突然呛咳、不能发声、呼吸急促，一手或双手呈“V”形，紧贴于颈前喉部，最终意识丧失，呼吸停止。

急救口诀

气管异物速求助，海氏手法压上腹。

起身推腹拍背部，或者自救冲异物。

自救

① 用力咳嗽法：先吸一口气，然后用足力气咳嗽，有时可把异物从气道内咳出。

② 腹部手拳冲击法：将右手拇指关节突出点顶住上腹部，相当于剑突与脐之间腹中线部位。左手紧握右手，然后用力向身体做4～6次连续快速冲击。

③上腹部倾压椅背：患者将上腹部迅速倾压于椅背、桌角、铁杆或其他硬物上，连续向内、向上冲击5次以造成人工咳嗽，重复至驱出呼吸道异物。

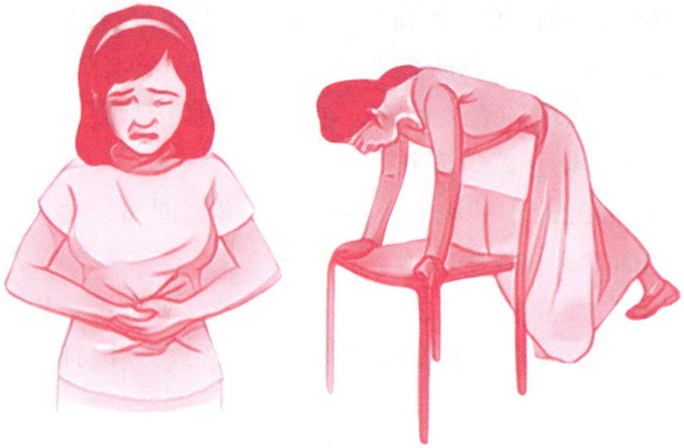

气道异物梗塞自救视频

互救

① 救护人可站在患者身后，用双手抱住患者的腰腹部，一手握拳，拇指的一侧抵住患者的上腹部剑突下、肚脐稍上处，另一只手压住握拳的手，两手用力在患者腹部做快速向内、向上方向的挤压动作。

② 救护人站在患者侧后位，一手放置于患者胸部，另一手掌根部对准患者肩胛区脊柱上，用力进行连续4～6次急促拍击。

③ 当患者意识不清、昏迷倒地时，救护人应面向患者，两腿分开跪在患者身体两侧，双手叠放。下面手掌根放在患者的上腹部剑突下、肚脐稍上处，朝患者上腹部做快速向内、向上方向的挤压动作。

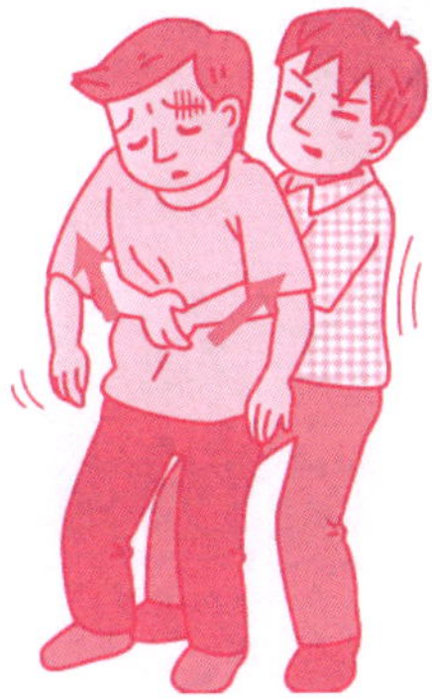

成人气道异物梗塞互救腹部冲击法视频

成人气道异物梗塞互救仰卧位冲击法视频

婴幼儿急救

将患儿面朝下，头部低于身体，放在救护人的前臂上。救护人再将前臂支撑在大腿上方，用同一只手支撑患儿的头、颈及胸部，用另一只手拍击患儿两肩胛骨之间的背部，使其吐出异物。如果无效，可将患儿翻转过来，面朝上，放在大腿上，托住其背部，头低于身体，用食指和中指猛压其下胸部（两乳头连线中点下方一横指处）。反复交替进行拍背和胸部压挤，直至异物排出。

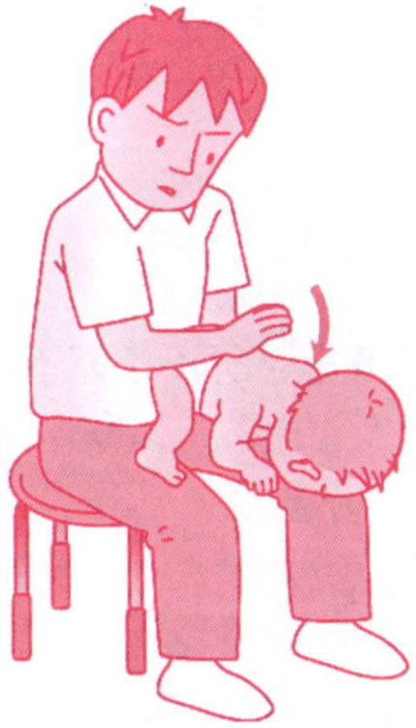

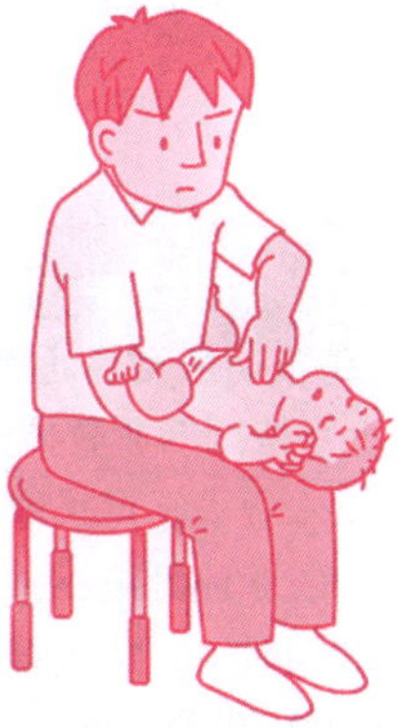

儿童气道异物梗塞急救视频

婴儿气道异物梗塞急救视频

▲ 对呼吸停止者，排出异物后应做口对口人工呼吸。

溺水

急救口诀

立即呼叫120，控水救助有秘技。
口鼻内物清干净，心肺复苏来救命。

急救要领

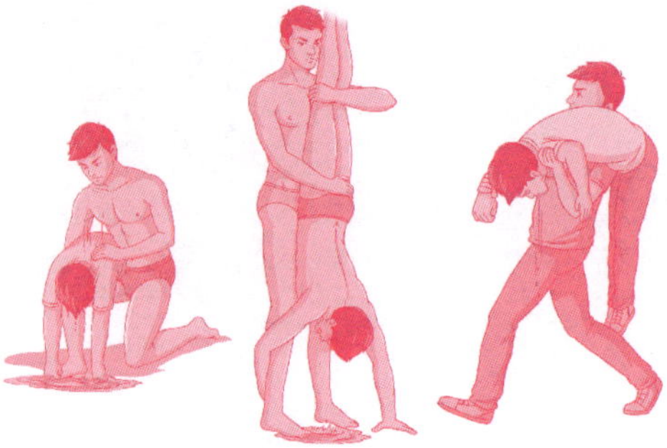

① 发现溺水者应尽快将其救出水面，但施救者如不懂得水中施救和不了解现场水情，不可轻易下水，可充分利用现场器材，如绳、竿、救生圈等救人。

② 将溺水者平放在地面，迅速撬开其口腔，清除其口腔和鼻腔异物如淤泥、杂草等，使其呼吸道保持通畅。

③ 迅速进行控水：把溺水者放在斜坡地上，使其头向低处俯卧，压其背部，将水控出。如无斜坡，救护者一腿跪地，另一腿屈膝，将患者腹部横置于屈膝的大腿上，使其头部下垂，按压其背部，将口、鼻、肺部及胃内积水倒出。也可采用倒提法或背负法进行控水。

④ 当溺水者呼吸停止或极为微弱时，应立即实施心肺复苏。

特别注意

◎ 因呼吸、心跳在短期恢复后还有可能再次停止，所以千万不要停止人工呼吸，应一直坚持到专业救护人员到来。

◎ 未成年人不宜下水救人，可采取报警求助的方式。

◎ 意识丧失者，应置于侧卧位，并注意为溺水者保暖。

◎ 进行现场抢救的同时，尽快拨打120急救电话。

◎ 控水主要是为了排出鼻咽部和呼吸道的水，以免影响心肺复苏，控水时间不得超过2分钟，随后立即进行心肺复苏。

电梯事故

急救口诀

电梯突停莫害怕，电话急救门拍打。
配合救援要听话，层层按键要按下。
头背紧贴电梯壁，手抱脖颈半蹲下。

电梯突然停止运行急救要领

① 保持镇静，千万别惊慌，同时要安慰被困在一起的人。

② 立即用电梯内警铃、对讲机或电话与有关人员联系，等待外部救援。

③ 如果报警无效，可大声呼叫或不时拍打电梯门求救。

④ 电梯突然停运时，不要轻易扒门爬出，防止电梯突然开动，造成伤害。

电梯运行速度突然加快急救要领

① 把每一层楼的按键都按下。

② 自我保护：将背部紧靠电梯，然后膝盖弯曲，双脚脚尖踮起，这样能最大限度缓冲冲击力，避免对人造成过大的冲击。

特别注意

◎ 电梯困人是一种保护状态，乘客无生命危险，报警后，耐心等待救助即可。

◎ 发生地震、火灾、电梯进水等紧急情况时，严禁使用电梯，应走消防通道或楼梯。

◎ 如果电梯运行中发生火灾，应使电梯在就近楼层停靠，并迅速从楼梯逃生。

利器伤

急救口诀

常用止血有方法，一般止血和指压。
还有加压包扎法，以及止血带包扎。

手部割伤

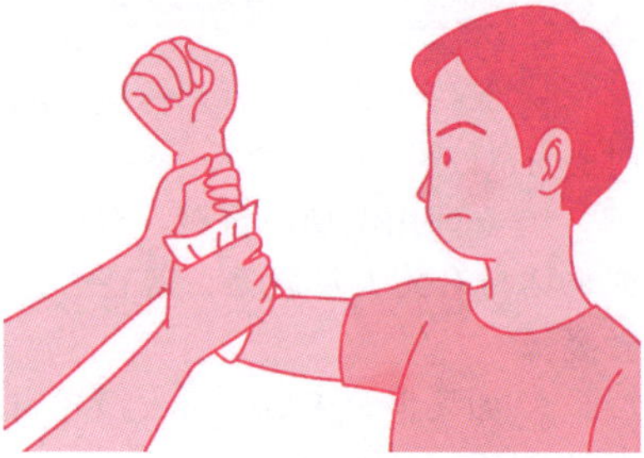

① 如果出血较少且伤势并不严重，可在清洗之后，以创可贴覆于伤口。不主张在伤口上涂抹红药水或止血粉之类的药物，只要保持伤口干净即可。

② 若手指伤口大且出血不止，不要惊慌，这是因为手部血管丰富，外伤后出血比较快、比较多，最简单的止血方法就是用橡皮圈绑紧手指根部，然后抬高患肢，但要注意每隔20~30分钟必须将橡皮圈放松几分钟，否则容易引起手指缺血坏死。

③ 当手被刺伤时，首先应该看伤口有无遗留异物，若有刺入物时就要设法挑出。方法是双手捏紧伤处，用火烧过或酒精消毒过的针拨开皮肤，挑出刺入物。当刀伤时，会引起出血甚至手部完全断裂，要按外伤紧急处理，出血多时先用力压迫手腕两侧的桡动脉和尺动脉以减少出血，然后进行包扎。包扎时要稍用力以达到止血目的。

④ 深层的手部伤口必须在8～12小时内到医院处理，不能延误治疗时间，务必要注射破伤风抗毒素。

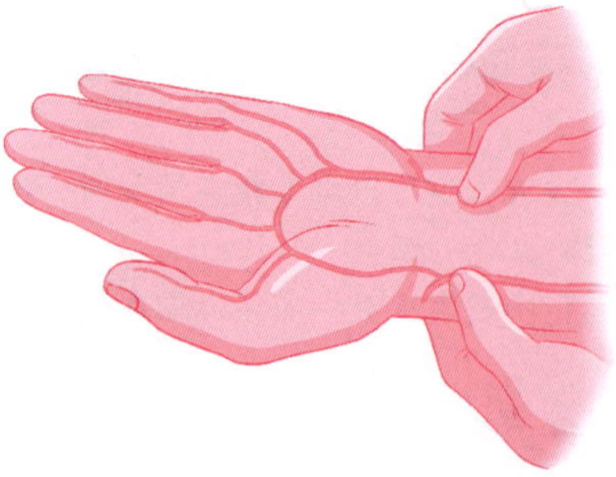

胸腹外伤

当发生利器刺入胸、腹部或肠管外脱时，不能随便自行处理，以免因出血过多或脏器严重感染而危及患者生命。

① 已经刺入胸、腹部的利器，千万不要自己取出，应就近找物品固定利器，并立即将患者送往医院。

② 因腹部外伤造成肠管脱出体外，千万不要将脱出的肠管送回腹腔，应在脱出的肠管上覆盖消毒纱布或消毒布类，再用干净的碗或盆扣在伤口上，用绷带或布带固定，迅速送医院抢救。

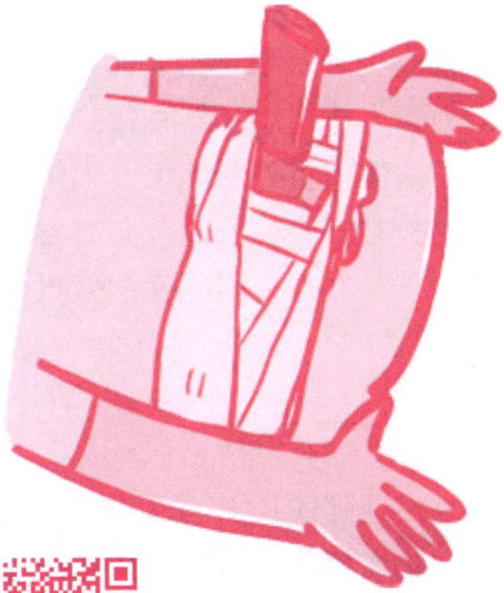

腹部肠管外溢
急救视频

断肢（指）急救

① 将断指用无菌布料包好，放入干净塑料袋中；以干燥冷藏方式保存断指。冰块可取自冰箱，一时难以取得，可用冰棍、雪糕代替。断指不可直接与冰块或冰水接触，以防冻伤变性。

② 除非断指污染特别严重，一般不要自己冲洗和用任何液体浸泡断指，立即去医院救治。酒精可使蛋白质变性，故绝对禁忌将断离肢（指）直接浸泡于酒精内。

特别注意

◎ 切忌用一些煤灰、烟灰、消炎粉、中药粉等外敷伤口，这些粉剂不一定是无菌的，反而容易造成伤口的感染。

◎ 切忌用卫生纸直接覆盖伤口，伤口出血使卫生纸融成纸浆，糊在伤口内，会给伤口的清理带来困难。

高空坠落伤

高空坠落伤是指人们在日常工作或生活中，从高处坠落，受到高速的冲击力，人体组织和器官遭到一定程度破坏而引起的损伤。损伤发生的部位常较广泛但内重外轻。无论人体哪一部位为着地点，一次外力往往在头、胸、腹、骨盆、脊柱及四肢同时发生损伤。通常骨质和内脏损伤重，伤及危及生命的重要器官，因此死亡率很高。

急救口诀

迅速呼叫120，心肺复苏来救命。
止血包扎骨折定，防止摔地平搬运。

急救要领

① 迅速观察受伤现场并判断伤情。对坠落在地的伤员，不要搬动摇晃。立即呼叫120急救。

② 先救命后治伤，先止血、包扎、固定，再搬运：针对呼吸心搏骤停及致命的外出血，给予心肺复苏及恰当的止血方法救治。创伤局部妥善包扎，但对疑有颅底骨折和脑脊液漏患者切忌填塞，以免导致颅内感染。

③ 复合伤要求平仰卧位，尽量减少搬运，特别是伴有脊髓损伤的患者易造成二次损伤，保持呼吸道畅通，解开衣领扣，等待专业救援。

④ 颌面部伤员首先应保持呼吸道畅通，撤除假牙，清除口腔内的组织碎片、血凝块、分泌物等，同时松解伤员的颈、胸部纽扣；如有离体面部器官，应与伤员一同转运。

⑤ 周围血管伤，压迫伤部以上动脉干。直接在伤口上放置厚敷料，用绷带加压包扎，松紧以不出血和不影响肢体血循环为宜。

⑥ 昏迷的患者应采取侧卧或俯卧在担架或木板上搬运，这样可以保持呼吸道通畅，防止患者呕吐物误吸到气管内引起窒息。

⑦ 注意保护、固定颈部及胸腰部脊椎，搬运时保持动作一致平稳，保持脊柱及肢体在一条轴线上，避免脊柱弯曲扭动加重伤情。

⑧ 有条件时迅速给予静脉补液，补充血容量。

冻伤

急救口诀

冻伤不幸遭遇，40℃恒温水浴。
心肺复苏救命，送院促进痊愈。

急救要领

① 如果手脚冻伤，可将手或脚浸泡在38~40℃的温水中，直到冻伤处皮肤的颜色恢复正常。患者也可将冻伤的手放在自己的腋下，让冻伤处慢慢恢复温暖。

② 如果耳、鼻或脸部冻伤，可戴上手套或用棉垫、纱布垫轻轻捂在冻伤处，直到皮肤颜色恢复正常。

③ 复温后局部立即涂敷冻伤外用药膏。

④ 不要用冰雪在冻伤处摩擦，这样会增加散热甚至造成局部损伤。也不要用火烤或将冻伤处放在过热的水中，这样会导致局部组织坏死，加重冻伤。

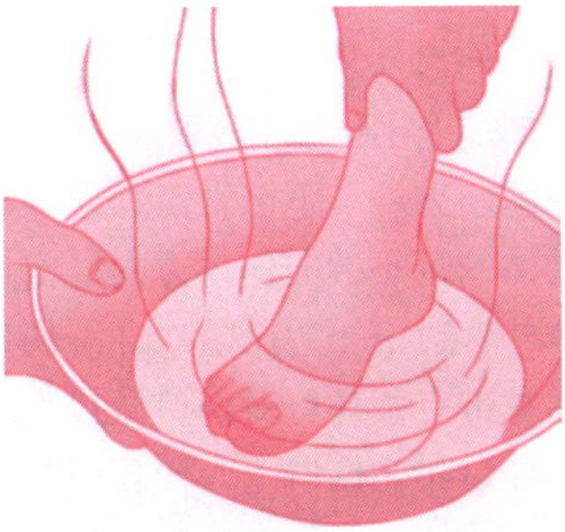

特别注意

◎ 衣服、鞋袜等连同肢体冻结者，不可强行脱下，应用温水使冻结融化后再脱下或剪开。

◎ 复温时，不可使用明火烘烤。如果无温水，可将伤员的伤肢置于救助者怀中复温。

动物咬蜇伤

毒蛇咬伤怎么办

① 毒蛇咬伤后要保持镇静，不要惊慌失措，不要跑动，尽量保持伤口部位不动，避免毒液快速向全身扩散。

② 绑扎伤肢。伤者应立即坐下或卧下，放低被咬的肢体，迅速用鞋带、裤带之类的绳子绑扎伤口的近心端，如手指被咬伤可绑扎指根；手掌或前臂被咬伤可绑扎肘关节上方；脚趾被咬伤可绑扎趾根部；足部或小腿被咬伤可绑扎膝关节下方；大腿被咬伤可绑扎大腿根部。然后用手挤压伤口周围或用工具吸，将毒液排出体外。绑扎部位每15～30分钟放松1～2分钟，绑扎时间一般不超过2小时，避免肢体缺血坏死。

③ 清洗伤口。立即用凉开水、泉水、肥皂水或1：5000的高锰酸钾溶液冲洗伤口及周围皮肤，洗掉伤口外表毒液。

④ 切开伤口排毒。如伤口内有毒牙残留，应迅速挑出，用小刀或碎玻璃片等其他尖锐物（使用前用火烧一下消毒），以牙痕为中心做十字切开，深至皮下，然后用手从肢体的近心端向伤口方向及伤口周围反复挤压，促使毒液从切开的伤口排出体外，边挤压边用清水冲洗伤口，冲洗挤压排毒须持续20～30分钟。此后如随身带有茶杯可对伤口做拔火罐处理，先在茶杯内点燃一小团纸，然后迅速将杯口扣在伤口上，使杯口紧贴伤口周围皮肤，利用杯内产生的负压吸出毒液。

⑤ 局部降温。排吸毒液后，用冷水局部冷敷降温。如有条件，最好先将伤肢浸于4～7摄氏度的冷水中3～4个小时，然后改用冰袋、冷毛巾在伤处及四周冷敷，以减缓人体吸收毒素的速度。

⑥ 若身边备有蛇药可立即口服以解内毒，伤者口渴时可以喝水，但不要饮酒及喝浓茶、咖啡等神经兴奋性饮料。

⑦ 拨打120急救电话求救，紧急送医院治疗。

猫狗抓伤怎么办

① 立即用干净水冲洗伤处。

② 不要在伤处涂擦任何软膏或其他类似物。

③ 尽量挤出伤口污染血液，用干净布料包扎。

④ 送至医院注射狂犬病疫苗及抗感染药。注射疫苗应及早、足量。患者必须于咬伤当天，咬伤后第3天、第7天、第14天、第30天各肌肉注射一支疫苗。全程注射完毕10日后，应抽取静脉血作抗体检测。如果抗体滴度达到或超过3单位/毫升的标准，即代表获得了免疫效果，如低于标准，应适当增加接种针数，以确保达到防病效果。

毒虫咬伤怎么办

① 蜂蜇伤：将伤口残留的毒刺立即拔出或用针挑出，但勿挤压蜇伤处，以免增加毒液的吸收；也不可用嘴吸出毒素，那样可能让毒素从口腔的微小损伤进入体内。蜜蜂蜂毒为弱酸性，可用肥皂水、3%氨水或5%碳酸氢钠液涂敷蜇伤局部；黄蜂蜂毒为弱碱性，可用食醋或1%醋酸擦洗伤处。

③ 蜈蚣咬伤：立即用弱碱性溶液洗涤伤口和冷敷。

④ 蝎子蜇伤或毒蜘蛛咬伤：处理原则基本同毒蛇咬伤，包括伤后立即冲洗伤口、口服或局部应用蛇药片。

⑤ 蚂蟥咬伤：如蚂蟥已吸附在皮肤上，可在吸附的周围用手轻拍，或用醋、酒、盐水、清凉油等涂抹，蚂蟥即自然脱出。

⑥ 毛虫蜇伤：可反复用胶布粘贴患处，以拔除毒毛。

⑦ 当毒性剧烈，一旦因过敏性休克发生心跳、呼吸停止时则应立即现场进行心肺复苏，并等待急救车前来救援。

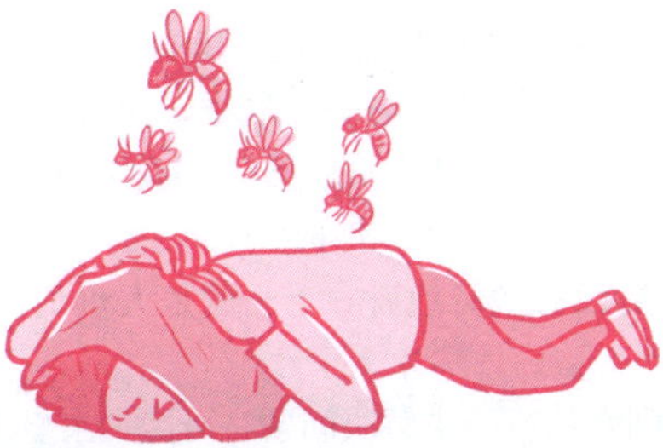

异物侵入

异物入眼急救法

① 粉尘等异物入眼：千万不能乱揉眼睛，应轻轻翻开眼皮，人体产生的泪水有冲刷异物的作用。如此法无效，请别人把眼皮翻开，用清水润湿的清洁棉签将异物轻轻擦掉。

② 腐蚀性液体溅入眼中：翻开上下眼皮，让缓慢流动的水流直接流过眼球表面；或用脸盆盛满清洁的水，将眼睛浸入水中，连续做睁眼闭眼动作。冲洗15分钟以上，之后立即去医院急诊。

③ 如果是刀刺伤等严重的异物伤害眼睛，切记不能擅自拔出异物，否则可能直接损伤可能还有功能的眼睛，或者引起大出血。要立即送医院由眼科医生处理。

异物入耳急救法

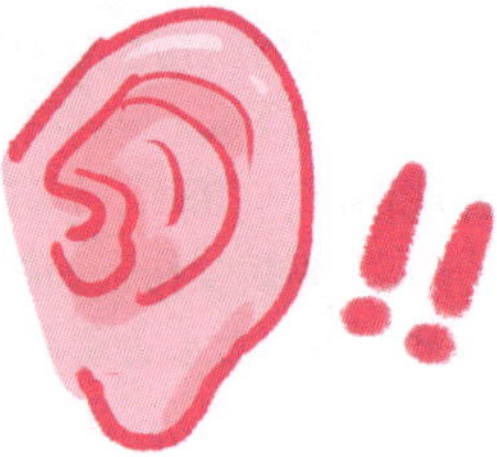

① 晃动头部使异物脱出。

② 异物不脱出时应看异物的位置。如为较软的异物（昆虫除外）可用镊子取出；如为活的昆虫，应先用少量的油、醋或酒精将其杀死以减轻疼痛，然后将温的油倒进耳朵使其浮出；如耳痛剧烈或异物牢固地嵌在耳道中应尽快去医院。

鱼刺卡喉急救法

① 停止进食，甚至连水都不要喝，放松咽喉保持镇静，喉部肌肉放松后可导致痉挛松解，鱼刺有可能松脱掉进胃里。

② 软小的鱼刺也可以用手刺激一下喉咙，使肌肉产生恶心呕吐反应把鱼刺吐出来。或者张大嘴发“啊”的声音，让家属用筷子或汤勺压住舌前2/3，借助光线或手电筒，试用镊子夹取。

③ 如果30分钟后没有缓解或者吞下去的是大鱼刺，一定要抓紧去医院就诊。

④ 不要通过吞咽食物或醋来解决问题，可能带来更大风险。

03 急性疾病 妥善救治

猝死

猝死是指人在正常工作、生活或运动时，自然发生、出乎意料地突然死亡，多因冠心病、急性心肌梗死和心律失常引起。

急救口诀

心痛猝死突然现，含化硝酸甘油片。

平卧求救先做好，心肺复苏是关键。

急救要领

① 立即就地将患者平放在硬板或地上，进行心肺复苏法抢救，同时拨打120急救电话。

② 施救者用食指及中指指尖触及患者喉部气管正中部位，对男患者可先触及喉结，然后向患者喉部气管正中方向滑移2~3厘米，在气管旁软组织处轻轻触摸颈部动脉，检查有无搏动。检查时间不要超过10秒钟。不要用力过大，不要同时触摸两侧，不要压迫气管。

③ 服用急救药物。心绞痛患者可舌下含服硝酸甘油片，服用硝酸异山梨酯（消心痛）、速效救心丸等。血压低者，不能服用硝酸甘油片。

特别注意

◎ 千万不要随意搬动患者。

◎ 运送患者必须使用急救车，不要用出租车或其他车辆。

◎ 不要惊慌失措、大喊大叫，避免加重患者病情。

休克

大量失血引起的休克称为失血性休克，常见于外伤引起的出血、消化道溃疡出血、妇产科疾病所引起的出血等。主要表现为皮肤苍白、冰凉、湿冷（常常有花斑），心跳过快或过慢，呼吸急促，颈动脉搏动减弱，尿量减少，神志改变，血压下降等。但是受惊吓引起的晕厥等并不是休克。

急救要领

▲ 复苏心肺

严重休克的患者，往往已经出现心跳、呼吸停止，这时候需要立即开始心肺复苏。

▲ 立即止血

必须立即确定出血部位，最有效的方法是压迫止血，可用清洁的棉垫或毛巾直接压迫伤口。

▲ 迅速输血

紧急处理后，需立即将患者转运到医院，在最短时间内补充丢失的血液。

特别注意

◎ 在用担架或平车转运时，患者的头部应靠近后面的抬担架者，这样后面的抬担架者可以对休克患者随时密切观察，以应对病情恶化。

◎ 在将患者送往医院的途中，患者头部的朝向应与交通工具（救护车、飞机等等）前进的方向相反，以免由于加速作用导致患者脑部进一步失血。

◎ 失血性休克时大脑处于缺血缺氧状态，使用冰袋降低头部温度，可以有效降低大脑的损伤程度。

◎ 如休克者是大月份孕妇，应让她取侧卧位，否则胎儿及巨大的子宫会压迫血管，致使回心血量减少，加重休克。

急性昏厥

急性昏厥又称晕厥或虚脱，是一种突发、短暂而完全性意识丧失，历时数秒至数分钟，多是各种原因引起的一过性大脑供血或供氧不足所致，一般恢复较快。

急救要领

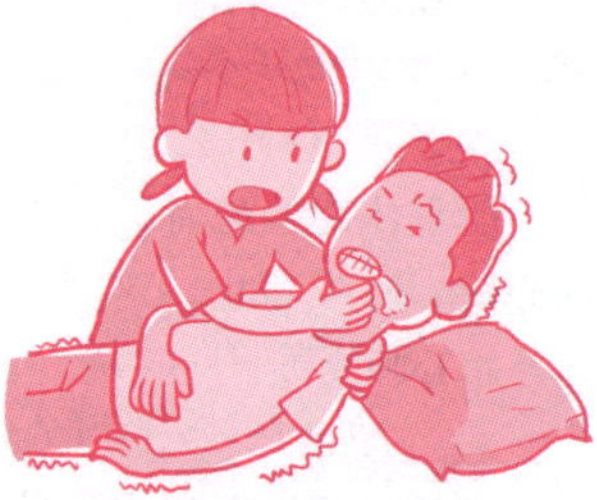

① 一旦发现有人昏迷，迅速观察患者的意识状态，同时检查患者的呼吸及心跳情况，一旦发生心脏骤停或者呼吸停止，立即进行现场心脏复苏。

② 使患者平卧，松解衣领，避免气道受压。将其头部后仰并偏向一侧，以保持呼吸道通畅，及时清理呕吐物及分泌物，防止窒息。

③ 如果因事故导致的昏迷，应警惕潜在危险，保持空气流通。

④ 高热伴昏迷患者可用酒精擦浴，在颈部、腋下和腹股沟等大动脉处置放冰袋、冰帽进行降温，但需用干毛巾包裹，避免冻伤。

⑤ 低血糖出现的昏迷，如延误治疗可能出现不可逆的脑损害。应迅速补充葡萄糖，立即进食饼干、果汁、糖果等可取得立竿见影的效果。

⑥ 对于原因不明的昏迷，或昏迷不能缓解，应立即拨打120急救电话，在专业救护人员护送下，送医院治疗。

特别注意

◎ 躁动不安的昏迷患者应有人看护，防止发生摔伤、撞伤等意外；注意为昏迷患者保暖。

◎ 不要为了弄醒患者而拍打、摇晃患者头部，不要胡乱翻转、拖拉和搬运患者。

◎ 不要在患者脑后放高枕，以免阻塞呼吸道入口而出现窒息。

哮喘

哮喘全称支气管哮喘，是一种过敏性疾病，多在初春、深秋及气温变化明显时发病，也可因患者接触过敏原（如花粉、尘土、螨、药物等）引起。严重的哮喘发作可持续24小时以上，经过一般治疗不能缓解者称为哮喘持续状态。

急救口诀

哮喘发作不能躺，如有条件快吸氧。

家中常备喷雾剂，去除刺激开门窗。

急救要领

① 让患者面朝椅背坐下，置双臂于椅背上。

② 打开门窗，解开患者领口，放宽紧身衣服，但要注意保暖。

③ 协助患者取坐位或半卧位休息；或让患者抱着枕头跪坐在床上，腰向前倾，此体位有利于患者呼吸。

④ 家中若备有氧气袋（瓶），以每分钟1~2升的流量通过鼻导管或者面罩给患者吸氧。

⑤ 协助患者吸入常备的喷雾剂，如沙丁胺醇（舒喘灵）等。每次按压1~2喷，每天不宜超过6~8喷。

⑥ 未能缓解症状或病情加重者，应尽快拨打120急救。

癫痫

癫痫即俗称的“羊角风”或“羊癫风”，是大脑神经元突发性异常放电，导致短暂的大脑功能障碍的一种慢性疾病。可反复发作数十年之久，给人造成严重的不良影响。

癫痫发作前，患者常有头痛、心绪烦乱，接着尖叫一声，倒地后不省人事，四肢僵硬，全身抽搐，口吐白沫或血沫，还可能尿失禁，一般持续几分钟。

急救口诀

癫痫拨打120，松衣解裤清口腔。

毛巾置齿放牙上，人中合谷助复康。

急救要领

① 有发作病史的患者应及时告知家属或身边的人，发病时救助者尽快将患者扶至床上，也可顺势使其躺倒，防止意识突然丧失而跌伤，迅速移开周围硬物、锐器，减少发作时对身体的伤害。

② 迅速松开患者衣领，使其头转向一侧，保持呼吸道通畅。

③ 用手绢、纱布或毛巾等置于患者上下牙齿之间，以防患者咬伤舌头。

④ 不要在患者抽搐期间强制性按压患者四肢，过分用力可造成骨折和肌肉拉伤，增加患者的痛苦。手掐人中、合谷等穴位可帮助患者苏醒。

⑤ 癫痫发作一般在5分钟之内可以自行缓解。如果连续发作或频繁发作，一次发作的时间持续5分钟以上，要及时将患者送到医院抢救。

中风

中风是以突然昏仆、半身不遂、口舌歪斜等为主要表现的脑病。西医学将中风分为出血性和缺血性两类。高血压、动脉硬化、脑血管畸形常可导致出血性中风；情绪波动、忧思恼怒、饮酒、精神过度紧张等因素可诱发中风。

急救口诀

中风急打120，平卧休息要冷静。

口中异物清干净，防舌咬伤病稳定。

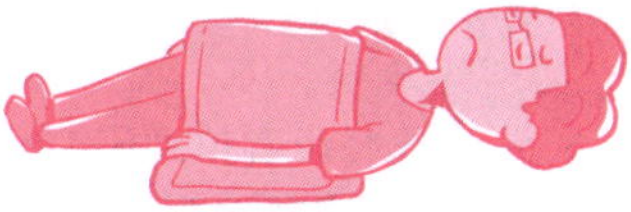

急救要领

① 家人没有任何先兆的突发中风，家属千万不能惊慌失措，应克制情绪，立即拨打120电话请求援助。

② 在等待救护人员时，如果患者意识清醒，应嘱其立即停止活动，避免摔伤，放置患者平卧，保持环境安静，避免人员嘈杂，注意安慰患者，解除其紧张情绪。

③ 如果患者意识丧失，可将患者置于侧卧位，头稍后仰，以保持呼吸道通畅；取出患者的假牙，及时清理患者口中的呕吐物，防止患者将其吸入肺中；如果有抽搐发作，可用筷子或小木条裹上纱布垫在上下牙间，以防咬破舌头；如患者出现气急、咽喉部痰鸣等症状时，可用塑料管或橡皮管插入患者咽喉部，从另一端用口吸出痰液。

④ 密切注意患者的意识、血压、呼吸和脉搏，不要给患者进食、喝水。可用冰袋或冷毛巾敷在患者前额，以利止血和降低脑内压。

特别注意

◎ 及时治疗中风诱发病，如动脉硬化症、糖尿病、冠心病、高血脂病、高黏血症、肥胖病、颈椎病等应及早治疗。

◎ 重视中风的先兆征象，如头晕、头痛、肢体麻木、昏沉嗜睡、性格反常等。一旦小中风发作，应及时到医院诊治。

◎ 消除中风的诱因，如情绪波动、过度疲劳、用力过猛等。规律生活作息，保持大便通畅，避免因用力排便而使血压急剧升高，引发脑血管病。

◎ 保持结构合理的饮食，以低盐、低脂肪、低胆固醇为宜，适当多食豆制品、蔬菜和水果，戒除吸烟、酗酒等不良习惯，使血液不太容易形成凝块，进而防止脑梗死。

中暑

急救口诀

解暑阴凉通风地，水洒冰凉温降低。
按压人中助苏醒，严重呼叫120。

急救要领

① 迅速将患者抬到阴凉、通风的地方，用纸扇或电扇扇风，同时垫高其头部，解松或者脱去衣服。

② 用冷水浸透的毛巾擦拭全身，或将冰袋、冰块置于患者颈部、腋窝和腹股沟处等大血管部位，通过蒸发降温。

③ 在额头、颞部擦拭清凉油、风油精等提神醒脑药，或服用人丹、十滴水等解暑药。

④ 按压人中等穴位，帮助患者苏醒。患者苏醒后，喝淡盐水或糖水以补充体液的损失。

⑤ 如降温处理不能缓解病情，则为重症中暑，需及时送医院做进一步处理。

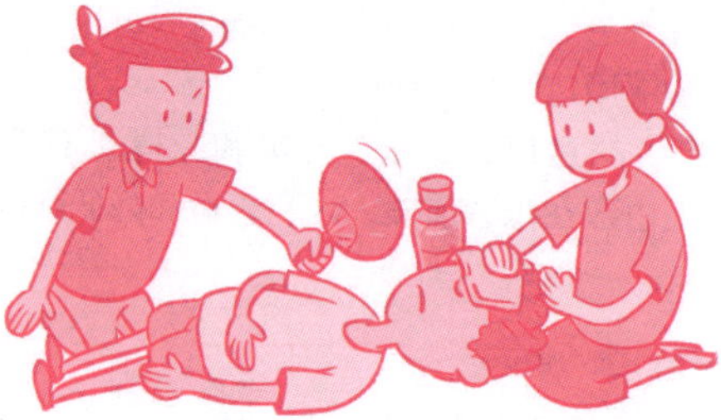

特别注意

◎ 人中暑之后很虚弱，在恢复过程中，饮食应清淡、易消化。补充必要的水分、盐、热量、维生素、蛋白质等养分。

◎ 中暑后不要一次大量饮水。中暑患者应采用少量多次的饮水方法。严格的补水方法需经过医生的测算，不可多补，也不可少补。

关节扭伤

关节扭伤多见于青少年的运动损伤及体力劳动者的工伤，最常发生于踝关节、手腕部及下腰部。疼痛是每个关节扭伤的患者都会出现的症状，而肿胀、皮肤青紫、关节不能转动则是扭伤的常见表现。

急救口诀

关节扭伤固定住，先冷后热敷伤处。

化瘀止痛喷药物，肢体抬高一周足。

48小时内

急救要领

① 扭伤是关节部位的损伤。一旦受伤，应立即用弹性绷带包好，并将受伤部位垫高，避免再次损伤。

② 在扭伤发生的48小时之内，受伤部位的软组织渗出加重，应该用冰袋冷敷，减少渗出，每小时1次，每次0.5小时。

③ 24小时之后，可喷洒止痛、活血化瘀的气雾药品，帮助消肿止痛。

④ 48小时之后，受伤部位开始吸收之前的渗出液，这时应该热敷，加快受伤部位的血液循环可以加快消肿。

48小时后

注意事项

◎ 禁止活动受伤的关节，否则容易加重韧带损伤，留下不可逆转的后遗症。

◎ 如果经上述方法处理，7天之内不能缓解甚至加重，可能存在骨折、肌肉拉伤或者韧带断裂，需要立即到医院检查、治疗。

肌肉痉挛

肌肉痉挛即抽筋，指肌肉突然不自主地强制收缩而造成肌肉僵硬疼痛的现象。腿抽筋最常见，大多是缺钙、受凉、局部神经血管受压引起。一般发生突然而且剧烈，但是持续的时间不长，只有几分钟。

急救口诀

肌肉痉挛反向扳，两分钟内解痉挛。

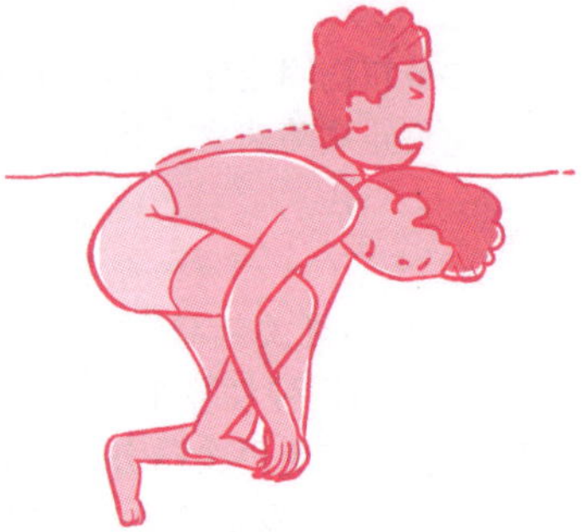

急救要领

① 可以帮助患者按摩或牵拉受累的肌肉，以减轻患者的疼痛。反复牵拉，直到症状缓解。

② 如果在游泳时小腿突发抽筋，切不可惊慌呼叫，否则会呛水甚至溺水！正确做法：先深吸一口气，把头潜入水中，使背部浮上水面，两手抓住脚尖，用力向自身方向拉，同时双腿用力伸直，一次不行可反复几次，肌肉就会慢慢松弛而恢复原状。症状缓解后，不要再继续游泳，上岸休息并按摩小腿。

③ 抽筋缓解后，如果仍有疼痛，可在局部使用热水袋或热毛巾热敷，或者洗热水澡。

④ 如果半夜出现小腿抽筋时，可以利用墙壁压挡脚趾，将腿部用力伸直，直到疼痛、抽筋缓解，然后进行按摩。

特别注意

◎ 平时可适量补钙，多晒太阳，注意局部保暖，多吃肉类、鸡蛋、甜食，适量摄入脂肪、蛋白质等物质，以增加体内热量，可有效减少抽筋。

◎ 忌在饥饿、疲劳时游泳。在饥饿、疲劳时，肌肉遇到冷水的刺激，容易发生抽筋；避免穿不合脚的鞋子，注意体位的变化，如坐姿、睡姿，避免神经血管受压；也可做局部肌肉的热敷、按摩，加强局部的血液循环，避免抽筋。

◎ 如果抽筋持续发生，原因不明，就需要去医院检查，以找出潜在的原因。

04 毒物致伤 巧妙化解

煤气中毒

在密闭的居室里使用煤炉取暖、做饭，使用燃气热水器长时间洗澡而又通风不畅时，容易发生燃气中毒事故。煤气中毒即一氧化碳中毒，轻度中毒时，患者会出现头晕、乏力、恶心、呕吐；中毒严重时，患者的脸和口唇会呈樱桃红色，出现神志模糊、意识障碍、呼吸困难甚至死亡。

急救口诀

煤气中毒不要慌，稀释毒气开门窗。
立即拨通急救线，快速查看生命征。
如有条件快吸氧，每分十升氧流量。

急救要领

① 发现燃气泄漏时，应立即切断气源，迅速打开门窗通风换气，但动作应轻缓，避免金属猛烈碰撞摩擦产生火花，引起爆炸。千万不要开启或关闭任何电器设备，不要打开抽油烟机或排风扇排风，不要在充满燃气的房间内拨打电话，以免产生火花，引发爆炸。

② 液化气罐着火时，应迅速用浸湿的毛巾、被褥、衣物扑压，并立即关闭液化气罐阀门。

③ 立即使患者脱离中毒环境并注意为患者保暖。

④ 患者需安静休息，尽量减少心、肺负担和耗氧量。要让有自主呼吸能力的患者充分吸入氧气。

⑤ 对呼吸、心跳停止的患者，应立即采取心肺复苏法，并拨打120电话急救。

特别注意

◎ 时常用肥皂水蘸刷燃气的管道接口、开关、软管、阀门等处，观察有无气泡产生，检查燃气是否泄漏。

◎ 应把患者送到有高压氧舱的医院，使患者尽早接受高压氧治疗，以减少后遗症。

食物中毒

急救口诀

食物中毒猛于虎，上吐下泻好痛苦。
催吐导泻留证物，未见好转把院入。

急救要领

① 如发作前进食的时间在1~2小时，可采取快速饮用冷盐水、姜汁等催吐，也可用手指、筷子或鹅毛刺激咽喉催吐，尽快排出毒物。

② 如进食中毒食物时间已超过2小时，则可服用番泻叶等泻药促进毒物排泄。

③ 如果吃了变质的鱼、虾、蟹等而引起食物中毒，可取食醋100毫升，加水200毫升，稀释后一次服下。

④ 一旦怀疑食物有毒，应立即禁止自己或他人食用该食物；并妥善处置剩下的食物，避免他人误食。

蘑菇中毒

毒蘑菇含有植物性的生物碱，毒性比较强烈，一旦误食，可以损害肝、肾、心脏及神经系统，即使是微量毒素被吸收到体内也容易出现中毒的症状，如剧烈呕吐、腹泻并伴有腹痛、痉挛、流口水、突然发笑、进入兴奋状态、手指颤抖、出现幻觉等。

急救措施

① 立即拨打120急救电话呼叫救护车赶往现场，并保留毒蘑菇样品供专业救治人员参考。

② 在等待救护车期间，为防止反复呕吐发生脱水，最好让患者饮用加入少量的食盐和食用糖的“糖盐水”，补充体液的丢失，防止休克的发生。

③ 催吐、洗胃和导泻。为减少毒素的吸收，让中毒者大量饮用温开水或稀盐水，随后把手指伸进咽部催吐，可反

复多次进行。

④ 对于已发生昏迷的患者不要强行向其口内灌水，以免窒息。

马铃薯中毒

发芽的马铃薯（土豆）中含有一种叫龙葵素的毒素，对人体胃肠道有强烈刺激，对呼吸中枢有麻痹作用，并能引起脑水肿等严重后果。食用几十分钟或几小时内即可发病，主要表现为咽喉部瘙痒、烧灼感，上腹部疼痛、恶心、呕吐、腹泻、头痛、头晕、烦躁不安、言语不清、意识障碍、抽搐、呼吸困难，甚至呼吸停止。

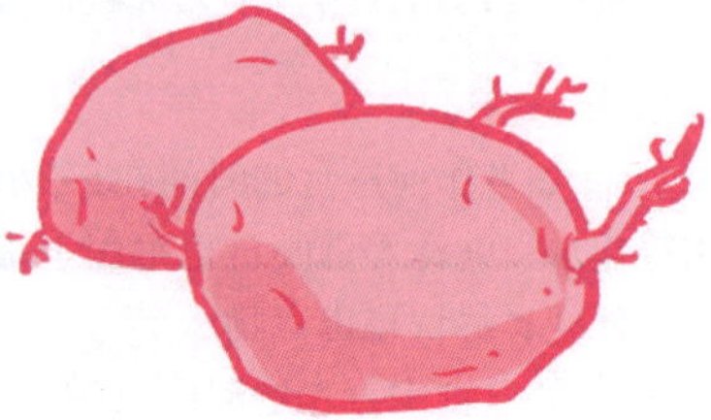

▲ 急救措施

① 症状较轻者，可饮用大量淡盐水、绿豆汤、甘草汤等解毒。

② 中毒表现重者应立即催吐，用手指、筷子等刺激咽部、舌根引起呕吐，饮用一些温水反复催吐，直至呕吐物为清水。

③ 催吐后服用泻药如硫酸镁15～20毫升，导泻以减少毒素吸收。

④ 呼吸衰竭者，立即人工呼吸急救。

⑤ 在上述处理的同时拨打120急救电话求救。

亚硝酸盐中毒

亚硝酸盐中毒事件几乎每年都有发生。国内所发生的亚硝酸盐中毒事件的原因，大多数是将亚硝酸盐误当食盐食用而引起。少部分是食用尚未腌制成熟或已经变质的腌菜及其他含有亚硝酸盐的食物、水导致的中毒，此类中毒一般症状较轻。

▲ 急救措施

① 使患者处于空气新鲜、通风良好的环境中，注意保暖。

② 进食时间短的可以催吐。用筷子或手指等轻轻刺激咽喉部，诱发呕吐。

③ 如病情严重，且中毒时间较长的，应速送医院进行抢救。

▲ 预防措施

① 只购买正规商场出售的小包装食盐，不购买来历不明的散装食盐。

② 不食用腐烂变质蔬菜或尚未腌透或已经变质的腌菜。

③ “工业用盐”通常含有亚硝酸盐，不能把“工业用盐”当作食盐食用。

特别注意

◎ 不吃不新鲜或有异味的食物。

◎ 不要自行采摘蘑菇、鲜黄花或不认识的植物食用。

◎ 扁豆一定要炒熟后再吃，不吃发芽的土豆。

◎ 从正规渠道购买食用盐、水产品及肉类食品。

◎ 生熟食物要分开存放，水产品及肉类食品应做熟后再吃。

◎ 发生食物中毒后应尽可能留取食物样本，或者保留呕吐物和排泄物，供化验使用。

◎ 抢救食物中毒患者，时间是最宝贵的。判断中毒时间：化学性食物中毒和有毒的动植物毒素中毒，自进食到发病是以分钟计算的；生物性（细菌、真菌）食物中毒，自进食到发病是以小时计算的。对于中毒患者，必须立即送往医院抢救，不要自行乱服药物。

化学药物中毒

急救口诀

远离毒物接触，辨清毒物所属。

蛋清炭粉催吐，还需导泻相助。

急救要领

① 迅速排出胃中药物是急救的关键。可用手指、筷子或鹅毛刺激咽喉催吐，尽快排出毒物；如采取快速饮用冷盐水、姜汁等催吐，能使毒物更彻底呕出，效果会更好。

② 服用大量安眠药或其他毒性大的药物，要在最短的时间内催吐。方法是用筷子或汤匙压患者舌根部引吐，吐后灌一大杯凉水再次引吐，直到胃内容物全部吐出。

③ 误服碘酒：应马上给患者喝面糊、米汤等淀粉类的流质，然后催吐。因淀粉与碘作用后，能生成碘化淀粉而失去毒性，反复多次，直到吐出物不显蓝色为止，这表明胃中的碘已基本吐尽。

④ 误服来苏儿等腐蚀性很强的药物则不宜采取催吐的方法，而应让患者先喝大量鸡蛋清、牛奶等，这些食物可附着在食管和胃黏膜上，从而起到保护黏膜的作用，以免再次受到损伤。

农药中毒

误服农药的患者会出现头晕、头痛、全身乏力、多汗、恶心、呕吐、腹痛、腹泻、胸闷、呼吸困难等症状。还会出现特殊症状，如瞳孔明显缩小、嗜睡、肢体震颤抖动、肌肉纤维颤动、肌肉痉挛或癫痫样大抽搐、口中有金属味、有出血倾向等。

① 立即切断毒源，脱离中毒现场。

② 脱去被污染的衣裤，用微温的肥皂水、稀释碱水反复冲洗体表10分钟以上（注意：敌百虫中毒时，不

能使用碱性液体冲洗）。

③ 对昏迷的患者，应立即送医院由医务人员为其洗胃。对神志清楚的中毒患者，需用筷子或手指刺激咽喉呕吐。

④ 昏迷患者出现频繁呕吐时，救护者要将他的头放低，使其口部偏向一侧，以防止呕吐物阻塞呼吸道引起窒息。

⑤ 患者呼吸、心跳停止时，应立即实施长时间的心肺复苏法抢救，待生命体征稳定后，再送医院治疗。

毒鼠强中毒

毒鼠强可经消化道、呼吸道吸收而引起中毒，其毒性剧烈，化学性质稳定，在植物体内可长期残留，对生态环境造成长期污染，被动物摄取后可以原毒物形式滞留在体内或排泄，从而导致二次污染现象。

① 立即彻底洗胃，催吐，导泻，清除胃内毒物。

② 保持呼吸道通畅，吸痰。

③ 患者出现抽搐时，应适当加以保护，防止跌伤、肌肉撕裂、骨折或关节脱位等；背部应垫上衣物，避免背部擦伤和椎骨骨折；为防止咬伤舌头，用纱布缠压舌板塞入患者上、下齿之间，但要注意不要造成舌后坠，以免影响呼吸。

④ 对呼吸、心跳停止者立即施行人工呼吸和胸外心脏按压。

⑤ 立即拨打120急救电话，迅速把患者送往医院抢救和进行后续治疗。

特别注意

◎ 经过在家中进行的初步急救处理后，应立即送患者到医院救治，并带上患者吃错的药或药瓶，供医生抢救时参考。如果不知道患者服的是什么药，则应将患者的呕吐物、污染物、残留物带到医院，以备检查。

◎ 对服药后已失去知觉或伴有抽搐的儿童或老人，不宜采用催吐法，应及时送医院抢救。

酒精中毒

急救口诀

饮酒不宜过度，过度还需催吐。

解救可用果蔬，重者医院救助。

急救要领

① 首先要制止中毒者继续饮酒。

② 其次可以用刺激咽喉的办法（如用勺子、筷子等）引起呕吐反射，将含有酒精的胃内容物尽快呕吐出来（已出现昏睡的患者禁用此方法）。

③ 严重的急性酒精中毒，会出现烦躁、昏睡、脱水、抽搐、休克、呼吸微弱等症状，应该从速送医院急救。

特别注意

◎ 不宜用咖啡和浓茶解酒。

◎ 饮酒前喝牛奶可保护胃黏膜。

◎ 注意醉酒者的保暖以预防肺炎，避免呕吐物阻塞呼吸道；醉酒正常情况下一觉醒来即可自行康复；如久睡不醒，应立即送医院救治。

05 突发灾害 冷静处理

地震

地震先兆

地震发生前总有一些异常的现象，甚至用人体都可以感觉得到一些地震先兆，平时可多加留意。

◎地下水的变化：地震前，由于地下岩层受到挤压或拉伸，使地下水位下降或上升；地壳深部某些气体和某些物质随水溢出，而使地下水冒泡、翻油花、发浑、变味等。

◎动物异常反应：由于动物的某些感觉器官功能比人要灵敏得多，在地震发生前，一些动物可出现异常动作，人们可凭此预测是否发生地震。例如海洋中水母能预报风暴，老鼠能事先躲避矿井崩塌或有害气体的侵入，狗会狂叫不止等。

◎其他异常：出现地震云、地动、地鼓等异常现象。

井水自溢

出现地光

鸡上树

鸭鹅不下水

蜜蜂乱飞

鸽子不归巢

急救口诀

保持镇静勿慌张，切断用电煤气源。
身在高楼勿近窗，坚固家具好避处。
检查住所保性命，危楼勿近先离开。
公共场所要注意，争先恐后最危险。
震后电梯勿搭乘，上下楼梯要小心。

地震避险视频

听从指挥避桌下，顺序离室到空地。
室外行走避乘车，慎防坠物和电线。
行车勿慌减车速，注意四方靠边停。
收听广播防余震，自救互救勿围观。
避震演练要认真，时时防震最安全。

地震来时怎么办

① 住在平房的居民遇到地震时，如室外空旷，应迅速头顶保护物（如枕头、沙发坐垫等）跑到屋外；来不及跑时可躲在桌下、床下及坚固的家具旁，并用毛巾或衣物捂住口鼻防尘、防烟。

② 住在楼房的居民，应选择厨房、卫生间等开间小的空间避震；也可以躲在内墙根、墙角、坚固的家具旁等易于形成三角空间的地方；要远离外墙、门窗和阳台；不要使用电梯，更不能跳楼。

③ 尽快关闭电源、火源。

④ 正在教室上课、工作场所工作、公共场所活动无法逃去户外时，应迅速抱头、闭眼，在讲台、课桌、工作台和办公家具下边等地方躲避。

⑤ 在市区活动时，应注意保护头部，迅速跑到空旷场地蹲下；尽量避开高大建筑物、立交桥，远离高压电线及化学、煤气等工厂或设施。

⑥ 正在野外活动时，应尽量避开山脚、陡崖，以防滚石和滑坡；如遇山崩，要向远离滚石前进方向的两侧方向跑。

⑦ 正在海边游玩时，应迅速远离海边，以防地震引起海啸。

⑧ 驾车行驶时，应迅速躲开立交桥、陡崖、电线杆等，并尽快选择空旷处停车。

⑨ 公共场所避震：体育馆和影剧院的排椅、商场的立柱和墙角等都是合适的避震处，但应避开大型超市的货架。

⑩ 参加震后搜救时，应留心听被困人员的呼喊、呻吟和敲击器物的声音；不可使用利器刨挖，以免伤人；找到被埋压者时，要及时清除其口鼻内的尘土，使其呼吸畅通；已发现幸存者但解救困难时，首先应输送新鲜空气、水和食物，然后再想办法解救。

不幸埋压怎么办

① 如果被废墟埋压，要尽量保持冷静，设法自救。

② 尽量用湿毛巾、衣物或其他布料捂住口、鼻，防止灰尘呛闷发生窒息。

③ 尽量活动手脚，清除脸上的灰土和压在身上的物件。

④ 用周围可以挪动的物品支撑身体上方的重物，避免进一步塌落。

⑤ 扩大活动空间，保持足够的空气。

⑥ 无法脱险时，要保存体力，耐心等待救援，不要盲目大声呼救。当听到附近有人活动时，要用砖或硬物敲打墙壁、铁管等，向外界传递信号。

特别注意

◎ 遇到地震要保持镇静，不能拥挤乱跑，震后应有序撤离灾区。

◎ 已经脱险的人员，震后不要急于回屋，以防余震。

◎ 对于震动不明显的地震，不必外逃。

◎ 遭遇震动较强烈的地震时，是逃是躲，要因地制宜。

山体崩塌、泥石流

山体崩塌、滑坡易发生在较为陡峭的斜坡地段。崩塌常导致道路中断、堵塞或坡脚处建筑物毁坏倒塌，如发生洪水还可能直接转化成泥石流。更严重的是，因崩塌堵河断流而形成天然坝，引起上游回水，使江河溢流，造成水灾，易造成较大伤亡。

泥石流避险视频

事故先兆

① 当发现河（沟）床中正常流水突然断流或水流突然增大并夹有较多的柴草、树木，一般可确认河（沟）上游已形成泥石流。

② 仔细聆听是否有从深谷或沟内传来的类似火车轰鸣声或闷雷式的声音，如听到这种声音，哪怕极微弱也应认定泥石流正在形成，此时应迅速离开危险地带。

③ 沟谷深处变得昏暗并伴有轰鸣声或轻微的震动感，则说明沟谷上游已发生滑坡或泥石流。

急救要领

① 发现有泥石流、山体滑坡后，要马上向与泥石流、山体滑坡成垂直方向一边的山坡上面跑，跑得越快、爬得越高越好；或向泥石流、山体滑坡方向的两侧逃离，并尽快在附近寻找安全地带。

② 如无法继续逃离时，应迅速抱住身边的树木等固定物体或躲避在结实的遮蔽物下，同时应注意保护好头部，可利用身边的衣物裹住头部。

③ 一定要设法从房屋里跑出来，到开阔地带，尽可能防止被埋压。

④ 野外露营时，要选择平整的高地作为营地，尽可能避开有滚石和大量堆积物的山坡下面，不要在山谷和河沟底部扎营。

⑤ 驱车从发生滑坡地区经过时应严密观察，注意路上随时可能出现的各种危险，如掉落的石头、树枝等，查看清楚前方道路是否存有塌方、沟壑等。

⑥ 发生滑坡后不要再闯入已经发生滑坡的地区找寻损失的财物。

火灾

火灾避险视频

急救口诀

熟悉环境，记清方位，明确路线，迅速撤离。
通道不堵，出口不封，门不上锁，确保畅通。
听从指挥，不拥不挤，相互照应，有序撤离。
发生意外，呼唤他人，不拖时间，不贪财物。
自我防护，低姿匍匐，湿巾捂鼻，防止毒气。
直奔通道，顺序疏散，不入电梯，以防被关。
保持镇静，就地取材，自制绳索，安全逃生。
烟火封道，关紧门窗，湿布塞缝，防烟侵入。
火已烧身，切勿惊跑，就地打滚，压灭火苗。
无法自逃，向外招呼，让人救援，脱离困境。

家庭失火

① 炒菜油锅着火时，应迅速盖上锅盖灭火。如没有锅盖，可将切好的蔬菜倒入锅内灭火。切忌用水浇，以防燃着的油溅出来，引燃厨房中的其他可燃物。

② 电器起火时，先切断电源，再用湿棉被或湿衣物将火压灭。电视机起火，灭火时要特别注意应从侧面靠近电视机，以防显像管爆炸伤人。

③ 酒精火锅加添酒精时突然起火，千万不能用嘴吹，可用茶杯盖或小菜碟等盖在酒精罐上灭火。

④ 液化气罐着火，除可用浸湿的被褥、衣物等捂压外，还可将干粉或苏打粉用力撒向火焰根部，在火熄灭的同时关闭阀门。

⑤ 逃生时，应用湿毛巾捂住口鼻，背向烟火方向迅速离开。

⑥ 逃生通道被切断、短时间内无人救援时，应关紧迎火门窗，用湿毛巾、湿布堵塞门缝，用水淋透房门，防止烟火侵入。

高楼失火

高层建筑楼道狭窄、楼层高，发生火灾不容易逃生，救援困难，而且常因人员拥挤阻塞通道，造成互相践踏的惨剧。

应急要点

① 及时扑救：可利用各楼层的消防器材扑灭初起火灾。

② 向下不向上：因火势会向上蔓延，应用湿棉被等物作掩护快速向楼下有序撤离。

③ 关紧房门：离开房间以后，一定要随手关门，使火焰、浓烟控制在一定的空间内。

④ 注意防烟：用湿毛巾等物掩住口鼻，保持低姿势前进，呼吸要小而浅。带婴儿逃离时，可用湿布轻轻蒙在婴儿脸上。

⑤ 理性逃生：利用建筑物阳台、避难层、室内设置的缓降器、救生袋、应急逃生绳等进行逃生，也可将被单、台布结成牢固的绳索，牢系在窗栏上，顺绳滑至安全楼层。

⑥ 等待救援：当通道被火封住，欲逃无路时，可靠近窗户或阳台呼救，同时关紧迎火门窗，用湿毛巾、湿布堵塞门缝，用水淋透房门，防止烟火侵入。

⑦ 靠墙躲避：因为消防人员进入室内救援时，大都是沿墙壁摸索行进的。

▲ 特别注意

① 火场能见度非常低，保持镇静、不鲁莽行动是安全逃生的重要前提。

② 因供电系统随时会断电，千万不要乘电梯逃生。

③ 应尽量在阳台、窗口等易被发现的地方等待救援。

④ 不要轻易跳楼。只有在消防队员准备好救生气垫或楼层不高的情况下，或者如不跳楼就会丧命的情况下，才能采取此方法。

⑤ 公共通道平时不要堆放杂物，否则既容易引起火灾，也会妨碍火灾时的逃生及救援。

人员密集场所火灾

酒店、电影院、超市、体育馆等人员密集场所一旦发生火灾，常因人员慌乱、拥挤而阻塞通道，或逃生方法不当，造成人员伤亡。

① 发现初起火灾，应利用楼层内的消防器材及时扑灭。

② 要保持头脑清醒，千万不要惊慌失措、盲目乱跑。

③ 火势蔓延时，应用衣服遮掩口鼻，放低身体姿势，浅呼吸，快速、有序地向安全出口撤离。尽量避免大声呼喊，防止有毒烟雾进入呼吸道。

④ 离开房间后，应关紧房门，将火焰和浓烟控制在一定的空间内。

⑤ 利用建筑物阳台、避难层、室内设置的缓降器、救生袋、应急逃生绳等进行逃生。

⑥ 逃生无路时，应靠近窗户或阳台，关紧迎火门窗，向外呼救。

▲ 特别注意

① 人员密集场所的安全门或非常出入口都有明显标志，平时应留意。

② 下榻宾馆、酒店后，应特别留心服务方提供的火灾逃生通道图，或自行了解安全出口的方位。

③ 逃生时千万不要拥挤。

④ 其他注意事项同“高楼失火”。

森林火灾

森林火灾烧毁森林的动植物资源，破坏生态环境，导致水土流失，经济损失巨大，甚至造成人员伤亡。

① 发现森林火灾应及时报警，准确报告起火方位、火场面积及燃烧的植被种类。

② 发现自己处在森林火场中，要保持头脑清醒，迅速向安全地带转移。选择火已经烧过或杂草稀疏、地势平坦的地段转移；穿越火线时要用衣服蒙住头部，快速逆风冲越火线。切忌顺风在火线前方逃跑。

③ 当无法脱险时要选择植被少的地方卧倒，扒开浮土直到见着湿土，把脸贴近坑底，用衣服包住头，双手放在身体下面避开火头。

洪水

自救要领

① 洪水到来时，要就近迅速向山坡、高地、屋顶、楼房高层、大树等高的地方暂避。

② 要设法尽快发出求救信号和信息，报告自己的方位和险情，积极寻求救援。

③ 落水时要寻找并抓住漂浮物，如门板、桌椅、木床、大块的泡沫塑料等。

④ 在水中时要屏住呼吸，踢掉双鞋，然后放松肢体等待浮出水面。当感觉开始上浮时，应尽可能保持仰位，使头部后仰，或者不断踩水，用双手划水，尽力使头部浮出水面，最好脱掉重的衣服。

⑤ 汽车进入水淹地区时，要注意水位不能超过驾驶室和离合器，要迎着洪水驶向高地，不能让洪水侧面冲击车体，以防被卷走。

互救要领

① 当不会游泳者发现有人溺水，应该因地制宜寻找打捞工具快速救人。离溺水者不远时，可将竹竿或绳索抛向溺水者。

② 会游泳者在水中救助溺水者时，要从其背后托住腋窝，用仰泳方式将溺水者拖出水面，拉到岸边。

③ 会游泳者如果被溺水者抓住不放，可推其脸部或捏住其鼻子，使溺水者放手；一旦溺水者死死抓住救助者不放手时，应将其上肢由外向内用力回转摆脱。

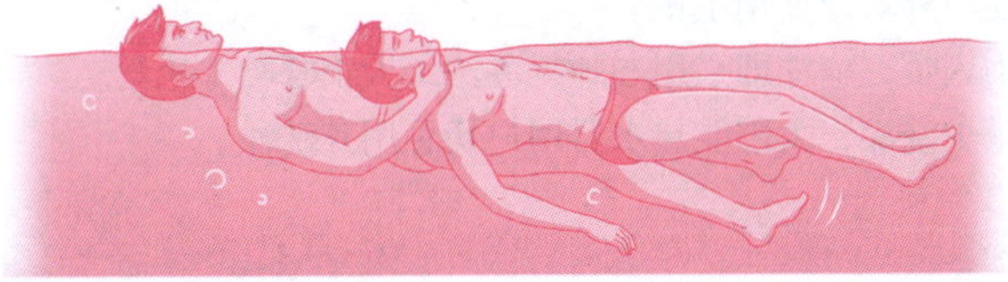

洪水避险视频

雷电

急救要领

① 注意关闭门窗，室内人员应远离门窗、水管、煤气管等金属物体。

② 关闭家用电器，拔掉电源插头，防止雷电从电源线入侵。

③ 在室外，要及时躲避，不要在空旷郊外停留。在空旷的郊外无处躲避时，不要跑动，不要打雨伞等物件，应尽量寻找低洼处（如土坑）藏身，或双脚并拢，就地蹲下。

④ 远离孤立的大树、高塔、电线杆、广告牌等。

⑤ 立即停止室外游泳、划船、钓鱼等水上活动。

⑥ 如多人聚集室外，勿相互挤靠，防止被雷击中后电源互相传导。

雷电避险视频

特别注意

◎ 高大建筑物上必须安装避雷装置，防御雷击灾害。

◎ 雷雨天气在户外不要使用手机。

◎ 对被雷击中人员，应立即采用心肺复苏法（人工呼吸）抢救。

◎ 雷雨天尽量少洗澡，太阳能热水器用户切忌用其洗澡。

台风

行人防灾要领

台风避险视频

① 外出时尽量穿上雨衣，不要打伞。

② 尽量远离高大树木、棚子、架子、架空电线等。

③ 不要在高墙、广告牌及居民楼下行走，以免发生重物倾斜或高空坠物等突发事件。

④ 避开高层施工现场，不可靠近塔吊或工地围墙。

⑤ 注意街道积水，不要在道路边缘或打着漩涡的路上行走，以免落入水中。

⑥ 风大造成行走困难时，可就近到商店、饭店等公共场所暂避。

⑦ 看见倾斜及倒下的电线杆等输电设施，要远远绕行，以避免触电。

航海船只急救要领

① 注意收听邻近地区气象台的气象预报，及时了解海风、海浪情况。保持与陆地指挥系统的联络，及时避开台风的突袭。

② 尚未出港的船只要推迟出航时间，待风暴过后再出航；在海面航行的船只要根据台风移动方向和范围，适当改变航线绕道而行，或抢在台风来到之前迅速穿过。

特别注意

台风来临时，应做好以下准备。

◎ 检查房屋是否牢固安全，若是危旧建筑应马上离开避险。

◎ 加固有可能被风吹落的物体，如花盆、护栏、遮雨棚、晾衣竿、室外天线等。

◎ 准备适量的水及食物。

◎ 准备好蜡烛、手电筒，以备风中停电时使用。

◎ 检查煤气及电路，留心火源。

◎ 门窗玻璃用胶带粘好，准备好胶合板、塑料板、毛毯等，用来加固窗户。

大雾

大雾，是指当大量微小水滴悬浮在近地层空气中，能见度小于500米的天气现象。

大雾天气时，一方面会给城市交通带来严重影响，容易造成交通事故，另一方面城市中排放的烟尘、废气等有害物质容易在近地层空气中滞留，影响人体健康。

出行注意事项

① 驾驶员应控制车速、车距，打开防雾灯，密切关注路况。

遇到大雾时，挡风玻璃上凝结的水汽会使驾驶者视线受损，还会使对面来车射出的灯光显得特别耀眼，因此行驶中要勤用雨刷刷去水汽，以提高视线的清晰度。

② 勤用喇叭：雾天视线不好，勤按喇叭可以帮您起到警告行人和车辆的作用，当听到其他车的喇叭声，应当立刻鸣笛回应，示意本车的位置。

③ 雾天最好不要超车，也尽量不要沿着路边行驶，因为在路边临时停车、等待雾散的人也是行车安全的重要隐患。

④ 大雾天气出行，行人应注意交通安全，并作适当防护，减少吸入对人体有害的气体。

特别注意

◎ 有呼吸道疾病或心肺疾病的人，大雾天气尽量不要外出。

◎ 大雾天空气湿度大，电力设备的绝缘表面有可能发生击穿现象，造成大面积停电，家中应事先准备应急照明用具。

地面塌陷

地面塌陷，是指地表岩层与土体在自然或人为因素作用下向下陷落，并在地面形成塌陷坑（洞）的一种动力地质现象。包括岩溶地面塌陷和非岩溶地面塌陷。

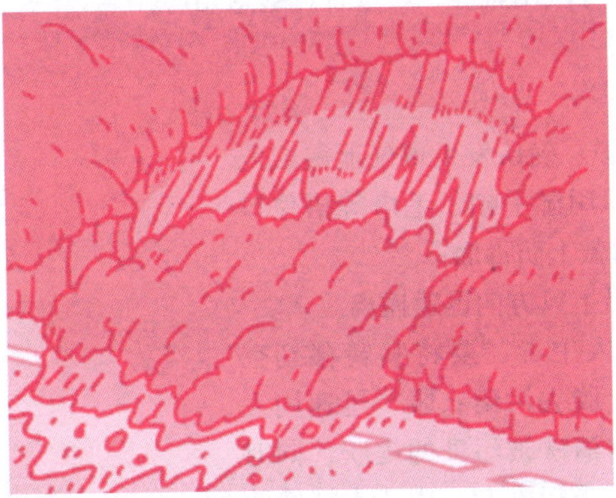

防灾事项

① 塌陷发生后对邻近建筑物的塌陷坑应及时填堵，以免影响建筑物的稳定。

② 建筑物附近的地面裂缝应及时填塞，地面的塌陷坑应拦截地表水防止其注入。

③ 严重开裂的建筑物应暂时封闭，待进行危房鉴定后才确定应采取的措施。

④ 放牧及采集山货时，不要贸然进入塌陷危险区内。

特别注意

◎ 凡居住在因采矿挖空形成的采空区居民，在汛期要注意房前屋后地面有无显著变形、裂缝等迹象。

◎ 注意下大雨时是否有地表水大量、快速渗入地下等现象。

◎ 如发现上述情况，应立即撤离并通知有关部门，不要冒险停留在原地或居室内。

危化品事故

危化品事故，是指因危险化学品，如苯、液化气、汽油、甲醛、氨水、二氧化硫、硫化氢、农药、液氯等造成伤害的事故。危险化学品一般具有爆炸性、易燃性、毒性、腐蚀性等。受害主要症状：眼睛刺痛、流泪不止、头晕恶心、胸闷和呼吸困难等，严重者可窒息死亡。

急救要领

① 呼吸防护。确认发生毒气泄漏或危化品事故，立即用湿手帕、毛巾等捂住口鼻，最好能及时戴上防毒面罩。

② 撤离。沿上风方向迅速撤离。

③ 发现有人中毒，要将其转移到空气新鲜的地方，脱去污染衣服，迅速用大量清水和肥皂水清洗被污染的皮肤，同时注意保暖；眼睛受污染者，用清水持续清洗眼部至少10分钟；因中毒晕倒者，取出口、鼻呼吸道异物，保持呼吸通畅，若呼吸停止，做人工呼吸和心脏按压，严重者速送医院抢救。

④ 发现被遗弃的化学品，不要捡拾，应立即拨打电话报警，说明具体位置、包装标志、大致数量及是否有气味等情况。

特别注意

◎ 皮肤防护：尽可能戴上手套，穿上雨衣、雨鞋等，或用床单、衣物等遮住裸露皮肤。如已备有防化服，要及时穿戴。

◎ 眼睛防护：尽可能戴上各种防毒或非防毒眼镜、潜水镜、护目镜等。

交通事故

交通事故急救视频

道路、铁路交通事故

① 发生道路险情时，乘客要镇定，不喊叫，不指挥驾驶员，不在高速行驶时跳车。双手紧抓前排座位或扶杆、把手，低下头，利用前排座椅靠背或手臂保护头面部。

② 当发生铁路事故时，要听从工作人员的统一指挥，待列车停稳后，在工作人员的组织下，有序地向车厢两端紧急疏散。不要盲目跳车，以防摔伤或被其他列车撞伤。

③ 撞车瞬间时，要两腿尽量伸直，两脚踏实，双臂护胸，手抱头，身体后倾。

④ 立即停车，保护现场，及时报案，抢救伤员。

⑤ 先救人后救物，先救命后救伤，先抢救重伤员后抢救轻伤员。

⑥ 搬动伤员时，以正确的方法保护伤员的脊柱和骨折肢体；抢救伤员时先进行心肺复苏，后止血、包扎、固定骨折部位；重伤者尽快送医院。

水运事故

① 跳水前尽可能向水面抛投漂浮物，如空木箱、木板、大块泡沫塑料等，跳水后用作漂浮工具。

② 不要从5米以上的高度直接跳入水中，应尽可能利用绳梯、绳索、消防水带等滑入水里。

③ 跳水逃生前要多穿厚实保暖的衣服，系好衣领、袖口等以更好地防寒。如有可能，跳水前穿上救生衣。

④ 跳水时，两肘夹紧身体两侧，一手捂鼻，一手向下拉紧救生衣，深呼吸，闭口，两腿伸直，直立式跳入水中。

⑤ 入水后要尽快离开遇难船只，防止被沉船漩涡卷入。

⑥ 跳水后如发现四周有油火，应该脱掉救生衣，潜水向上风处游；到

水面上换气时，要先用双手将头顶上燃烧的油和火拨开后再抬头呼吸。

⑦ 入水后不要将厚衣服脱掉，人员要尽可能集中在漂浮物附近，出现获救机会前尽量少游泳，以减少体力和身体热量的消耗。

⑧ 两人以上跳水逃生，应尽可能拥抱在一起，一方面可以减少热量散失，同时也便于互相鼓励，还可增大目标，便于搜救者发现。

⑨ 跳水后如没有救生衣，应尽可能以最小的运动幅度使身体漂浮。会游泳者可采取仰泳姿势，仰卧水面手脚轻划，以维持较长时间漂浮，耐心等待营救。

▲ 特别注意

意外水运事故中，应尽量运用救生设备进行逃生，当来不及利用救生设备逃生时，不得已才能选择跳水逃生。

航空事故

① 登机后，注意熟悉机上安全出口位置。飞机起飞、着陆时必须系好安全带，飞行途中也应按要求系好安全带。

② 所有的飞机在客舱的前部、中部和后部都有紧急出口。在紧急情况下，客舱内所有的红色出口指示灯和白色通道指示灯会自动亮起。乘客应在机组人员的指导下，按照指示灯的指引从距离自己位置最近的出口撤离，并且不要携带任何物品。

③ 一旦遇到紧急或特殊情况，必须听从机组人员的指挥，保持沉着冷静。

④ 遇空中减压，应立即戴上氧气面罩。机舱内出现烟雾时，一定要把头弯到尽可能低的位置，屏住呼吸，用饮料浇湿毛巾或手帕捂住口、鼻后再呼吸，弯腰步行或爬行到出口处。

⑤ 当飞机可能要迫降时，应立即将高跟鞋、假牙、胸章、领带、项链、圆珠笔及其他小件物品放在行李箱内或交给乘务员，系好安全带，扶直椅背，收起小桌板、脚蹬及座椅上的录像装置。

⑥ 飞机迫降时，可以两脚分开用力蹬地，手臂交叉抓住前方椅背，收紧下颚，头放在两臂之间。或收紧下颚，双手交叉放在脑后，低头俯身。

⑦ 在飞机撞地轰响瞬间，要飞速解开安全带，朝着外面有亮光的裂口全力逃生。

爆炸事故

炸伤是指由于各种爆炸性物体，如炮弹、水雷、手榴弹、烟花爆竹等爆炸后对人体所产生的损伤。爆炸伤的特点是程度重、范围广泛且有方向性，兼有高温、钝器或锐器损伤的特点。

急救原则

① 快抢快救，抢中有救：爆炸伤的急救和其他救治不一样的是，要尽快把患者抢先带离危险境地，同时还要进行救护，比如用湿毛巾覆盖患者鼻部避免爆炸现场的烟雾损伤。

② 全面检查，科学分类：爆炸会导致全身多处损伤，在混乱之中要迅速判断损伤部位、孰轻孰重，优先处理心脑肺的损伤及血管损伤。

急救要领

① 立即卧倒，趴在地面不要动，或手抱头部迅速蹲下，或借助其他物品掩护，迅速就近找掩蔽体掩护。尽可能将身体压低，爬到安全处。

② 通气：爆炸导致的冲击波和高温烟雾甚至有毒气体，都会对肺造成严重损伤，如出现呼吸停止，立即人工呼吸。

③ 止血：如果有出血，迅速判断出血部位，进行止血。

④ 包扎：对于任何部位的伤口，去除污染物后，用无菌或洁净纱布覆盖，不可擅自涂抹药水或药膏；眼睛有外伤，不能搓揉，不能擅自点眼药水。

⑤ 固定：就地采用木板条、布带等物品，对可能有骨折的肢体进行固定，可以减少出血和疼痛，避免神经外伤。

⑥ 转运：患者心跳呼吸恢复后，立即转运到医院救治。搬运时维持患者轴向体位，不能弯折身体，运送过程避免颠簸，以免造成二次损伤。

爆炸避险视频

核事故

核设施（如核电站）发生意外情况，造成放射性物质外泄，使人承受超过或相当于规定限值的核照射。

急救要领

① 尽量留在室内，关闭门窗和所有通风系统。如在室外，用湿手帕、口罩、纸巾等捂住口鼻，向上风方向撤离，找隐蔽地方躲避。

② 当衣服或皮肤被污染或可能被污染时，应小心地脱去外面的衣服，仔细洗手、洗脸、洗头发。

③ 撤离污染区后，应集中销毁、掩埋受污染的衣帽。

④ 如身体受到污染，应大量饮水，以使某些放射性物质尽快排出体外。

⑤ 尽快就医。

特别注意

◎ 遇到核事故，不要惊恐，要听从有关部门指挥，迅速采取措施，防止吸入放射性物质。

◎ 尽快躲避到附近的人防工程中。

◎ 防止或减少放射源对人体的伤害。防护手段：距离防护，距离越远，受到的伤害越少；屏蔽防护，选取适当的屏蔽材料（如混凝土、铁、铅等）遮挡放射源发出的射线；时间防护，尽可能减少与核反射源的接触时间。

06 传染性疾病机警应对

流行性感冒

流行性感冒（简称流感）是指由流感病毒引起，具有高度传染性的急性呼吸道传染病。流感发病快，传染性强，发病率高，主要通过飞沫在空气中传播。

主要症状

发病时重则发烧在38摄氏度以上，浑身酸痛、头痛明显，轻则出现呼吸道症状，如咳嗽、流鼻涕等。老年人、儿童、孕妇和体弱多病者患流感后，容易引发严重的并发症，甚至致人死亡。

应急要点

① 有流感症状时，要注意休息，多喝水，开窗通风。

② 发生流感时，尽量避免外出活动；不要去商场、电影院等公共场所；必须出门时，应戴口罩。

③ 流感患者应与家人分餐、分室居住。

④ 流感患者的擤鼻涕纸和吐痰纸要包好，扔进加盖的垃圾桶，或直接扔进抽水马桶用水冲走。

⑤ 重度患者应在医院隔离治疗。

注意事项

◎ 无论何种原因，如身体持续发热，都应尽早就医。

◎ 流感早期服用感冒冲剂或板蓝根冲剂，可以减轻症状。

◎ 保持室内空气流通，即使在冬季，每天也要开窗通风3次以上，每次至少10分钟。空调设备应定期清洗空气过滤网。

◎ 不随地吐痰，打喷嚏、咳嗽时一定要捂住口鼻。

◎ 必要时定期注射流感疫苗。

病毒性肝炎

病毒性肝炎是指由肝炎病毒引起的一种传染性疾病，分为甲、乙、丙、丁、戊5种类型。甲型、戊型肝炎一般通过饮食传播，毛蚶、泥蚶、牡蛎、螃蟹等均可成为甲肝病毒携带物。乙型、丙型和丁型肝炎主要经血液、母婴和性传播，部分慢性乙型肝炎患者还可能发展为肝癌或肝硬化。

主要症状

身体疲乏、食欲减退、恶心、腹胀、肝脾肿大及肝功能异常等，部分患者可能出现黄疸。乙肝、丙肝病毒携带者可能无任何肝炎症状。

应急要点

① 肝炎患者自发病之日起必须进行3周的隔离。

② 从事食品加工和销售、水源管理、托幼保教工作的肝炎患者，应暂时调离工作岗位。

③ 肝炎患者用过的餐具要彻底消毒，在开水中煮15分钟以上。

④ 不要与肝炎患者共用生活用品，对其使用过或接触过的物品要消毒。

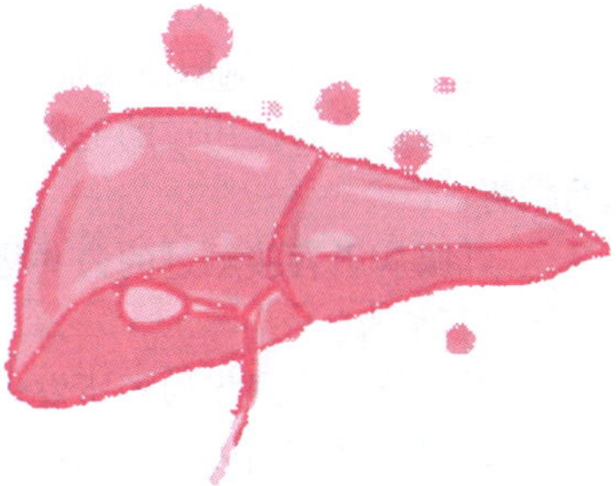

⑤ 与肝炎患者共用厕所，要用消毒液或漂白粉对便池消毒。

⑥ 不要与乙型、丙型、丁型肝炎患者及病毒携带者共用剃刀、牙具；不要与乙型肝炎患者发生性关系，或在发生性关系时使用避孕套。

特别注意

◎ 养成用流动的水勤洗手的好习惯。

◎ 生熟食物要分开放置和储存，避免熟食受到污染。

◎ 食用毛蚶、牡蛎、螃蟹等水产品，须加工至熟透再吃。

◎ 不喝生水，生吃瓜果蔬菜要洗净。

流行性出血性结膜炎

流行性出血性结膜炎（俗称红眼病）是指由病毒引起的急性传染性眼炎。

主要症状

眼部充血肿胀，有异物感，眼部分泌物增多等。

应急要点

① 患上红眼病应及时就诊，并告知他人注意预防。

② 不与红眼病患者共用毛巾及脸盆。

③ 红眼病患者应尽量不去人群聚集的商场、游泳池、公共浴池、办公楼等公共场所。

④ 使用抗病毒的滴眼液滴眼。

⑤ 红眼病患者使用过的毛巾，要蒸煮15分钟进行消毒。

⑥ 红眼病患者接触过的公共物品，要用含氯消毒剂进行消毒。

⑦ 学校等人群聚集的场所发现红眼病患者，应及时报告疾病控制中心。

特别注意

◎ 养成不用手揉眼睛的习惯。

◎ 预防红眼病，外出时应携带消毒纸巾，不用他人的毛巾擦手、擦脸；外出后回家时，应使用流动的水洗手、洗脸。

◎ 红眼病患者要注意将生活用品、办公用品与他人分开使用。

◎ 尽量不要去卫生状况不好的美容美发店、游泳池。

手足口病

有多种肠道病毒可引起手足口病，最常见的是柯萨奇病毒A16型及肠道病毒71型。其感染途径包括消化道、呼吸道及接触传播。手足口病主要发生在5岁以下的儿童，潜伏期多为2～10天，平均3～5天。

主要症状

口痛、厌食、低热，手、足、口腔等部位出现小疱疹或小溃疡，多数患儿1周左右自愈，少数患儿可引起心肌炎、肺水肿、无菌性脑膜脑炎等并发症。

应急要点

① 饭前便后、外出回家后要用肥皂或洗手液等给儿童洗手，不要让儿童喝生水、吃生冷食物，避免接触患病儿童。

② 看护人接触儿童前及替幼童更换尿布、处理粪便后均要洗手，并妥善处理污物。

③ 婴幼儿使用的奶瓶、奶嘴使用前后应充分清洗。

④ 本病流行期间不宜带儿童到人群聚集、空气流通差的公共场所。注意保持家庭环境卫生，居室要经常通风，勤晒衣被。

⑤ 儿童出现相关症状要及时到医疗机构就诊。患儿不要接触其他儿童；父母要及时对患儿的衣物进行晾晒或消毒，对患儿粪便及时进行消毒处理；轻症患儿不必住院，宜居家休息、治疗，以减少交叉感染。

⑥ 每日对玩具、个人卫生用具、餐具等物品进行清洗、消毒。

⑦ 托幼机构每日进行晨检，发现可疑患儿时，及时采取送诊、嘱其返家休息的措施；对患儿所用的物品要立即进行消毒处理。

⑧ 托幼机构患儿增多时，要及时向教育和卫生部门报告。根据疫情控制需要，当地教育和卫生部门可决定采取托幼机构或小学放假措施。

结核病

结核病是由结核杆菌感染引起的慢性传染病。结核菌可能侵入人体全身各种器官，主要侵犯肺脏的称为肺结核病。

主要症状

常有低热、乏力等全身症状和咳嗽、咯血（喉以下部位的呼吸道出血）等呼吸系统症状。

治疗原则

▲ 早期治疗

早期病变较易恢复。

▲ 剂量适宜

剂量不足会使治疗无效且容易产生耐药菌。

▲ 联合用药

联合用药可防止耐药性产生，针对各种代谢状态的细菌联合用药，以达到强化药效的目的。

▲ 规律用药

用药不能随意间断。间歇疗法在剂量及间隔上有特定要求，用法也有一定规律。

▲ 坚持全程

治疗要坚持完成全程，防止复发，全程不一定是长期。

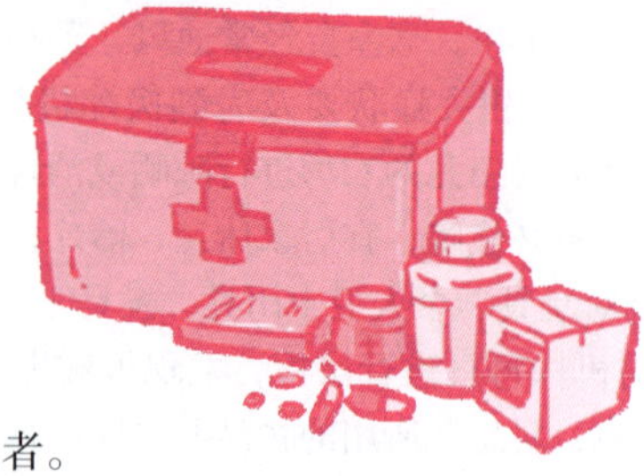

预防措施

▲ 控制传染源

及时发现并治疗肺结核患者。

▲ 切断传播途径

注意开窗通风，注意消毒。

▲ 保护易感人群

接种卡介苗，注意锻炼身体，提高自身抵抗力。

麻疹

麻疹是由麻疹病毒引起的全身发疹性急性呼吸道传染病，一年四季均可发生，但以冬末初春为多。麻疹传染性极强，通过呼吸道分泌物、飞沫传播。

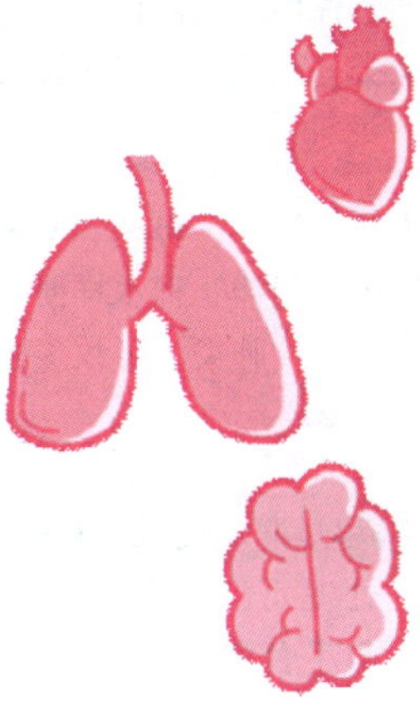

主要症状

麻疹潜伏期一般是9~12天。临床表现为发热和上呼吸道症状（咳嗽、流涕、打喷嚏、鼻塞等），畏光，眼分泌物多，结膜充血，口腔第二磨牙相对的颊黏膜上可发现细小白点，称“科氏斑”。发病后第4~5天全身出现皮疹，皮疹先在耳后、发际，渐渐蔓延到前额、面、颈、躯干、四肢，最后到手掌、脚底。疹退后留有浅褐色色素斑伴糠麸样脱屑。麻疹患者从潜伏期最后1~2天至出疹后5天内都具有传染性，得了麻疹后要及时治疗。麻疹治好后一般是终身免疫的。

预防措施

① 每年3—5月是麻疹的高峰期，医生提醒春季应加强疾病预防，谨防儿童麻疹发病。

② 预防麻疹的关键措施是对易感者接种麻疹疫苗，以提高其免疫力。

③ 注意个人及环境卫生，保持良好的生活和卫生习惯，多喝水、不挑食、不吸烟、不酗酒，不要随地吐痰，勤洗手。加强体育锻炼，提高抗病能力。

④ 搞好家庭及公共环境卫生，保持室内和周围环境清洁。

⑤ 在接触麻疹患者后5天内立即注射免疫血清球蛋白，可预防麻疹发病；超过6天则无法达到上述效果。这种方法只能维持8周，以后应按时接种麻疹疫苗。

⑥ 患者衣物应在阳光下曝晒，患者曾住的房间宜通风并用紫外线照射消毒。流行季节易感儿童尽量少去公共场所（尤其是医院），少串门，以减少感染和传播机会。

禽流感

禽类流行性感冒（简称禽流感），是指由甲型流感病毒引起的一种人禽共患的急性传染病。根据其致病力不同，分为高致病性、低致病性和非致病性三大类。高致病性禽流感发病率和死亡率非常高。

主要症状

发热、流涕、鼻塞、咳嗽、咽痛、头痛、全身不适等，部分患者可有恶心、腹泻、腹痛、稀水样便等消化道症状，体温多持续在39摄氏度以上。一旦引起病毒性肺炎，可致多脏器功能衰竭，死亡率高。

应急要点

① 尽量避免接触异常死亡的禽类。处理死亡家禽时，应穿防护衣，戴手套和口罩，事后马上消毒或用肥皂洗手。

② 接触禽类后，如出现发烧、头痛、发冷、哆嗦、浑身疼痛无力、喉咙痛、咳嗽等症状，且48小时内不退烧者，应马上到医院就诊。

③ 饲养家禽时，做好个人防护及环境消毒工作。必要时，禽类饲养人员可接种禽流感疫苗。

④ 发生禽流感疫情时，应采取强制性的防疫措施。

特别注意

◎ 发生家禽或候鸟不明原因死亡时，应及时向当地农业或林业部门报告。

◎ 注意个人卫生，勤洗手，勤消毒，勤换衣，特别是接触禽类后更要及时洗手。

◎ 避免接触病（死）鸡、鸭等禽类，避免与禽流感患者接触。

◎ 多吃富含维生素C的食物或水果，有助于增强抗病力。

登革热

登革热是指由登革热病毒引起的经蚊子传播的急性传染病。

主要症状

高热，全身肌肉、骨骼及关节疼痛，极度疲乏，部分患者可有皮疹、出血倾向和淋巴结肿大。

应急要点

① 出现上述症状时应及时到当地医疗机构就诊，目前尚无特效治疗药物，主要采取对症支持治疗。

② 急性期应卧床休息，流质或半流质饮食。高热时，先用物理降温，慎用止痛退热药物。防蚊隔离至完全退热。

③ 配合做好流行病学调查等应急处置工作。

④ 流行季节尽量避免到登革热流行地区旅游。

特别注意

◎ 登革热的潜伏期通常为3~15天。
◎ 做好防蚊灭蚊工作。
◎ 搞好室内外环境卫生，清除蚊子孳生场所。

口蹄疫

口蹄疫是指由口蹄疫病毒引起偶蹄兽的热性、急性、高度接触感染的人畜共患传染病。牛、猪、羊最易感染。人偶尔因接触患病动物、饮食生乳或吃了未经充分消毒的病畜肉等可导致感染发病。世界动物卫生组织将其列为一类动物传染病。

主要症状

动物患病，蹄、口腔黏膜及乳房等部位发生水疱、破溃形成烂斑；人患病，表现为口腔、手、足等处出现水泡，四肢和背部疼痛，胃肠痉挛，呕吐，咽喉疼，吞咽困难，腹泻等，重症者有可能并发心肌炎。

应急要点

① 发现牛、羊、猪等偶蹄动物的口腔、蹄部和乳房等处皮肤有水疱和溃烂，出现流涎和跛行，应及时向当地动物防疫监督机构报告。

② 动物防疫监督机构接到疫情报告后，立即派具备相关资格的防疫人员到现场调查核实，根据流行病学和典型临床症状，确认为疑似疫情的，要将疑似病料送到省级实验室进行诊断。

③ 确诊的疫情应在2小时内逐级上报至省级动物防疫监督机构，并报本级畜牧兽医行政主管部门。

④ 畜牧兽医行政主管部门按程序对疫情进行处置。

⑤ 人与患病动物接触后，出现上述症状，应立即到医院就诊。

特别注意

◎ 不从疫区引入偶蹄动物及其产品。

◎ 不能食用患病奶牛、奶羊的乳汁。

◎ 注意个人防护，尽量避免接触患病动物。

新冠肺炎

新冠肺炎指由新型冠状病毒感染引起的急性感染性肺炎，2020年2月7日，国家卫生健康委员会将新型冠状病毒感染的肺炎暂命名为新型冠状病毒肺炎，简称新冠肺炎。

主要症状

新冠肺炎主要表现为发热、干咳、乏力，少数患者伴有鼻塞、流涕、咽痛、肌痛和腹泻等症状。重症患者多在发病1周后出现呼吸困难和/或低氧血症，严重者可快速进展为急性呼吸窘迫综合征、脓毒症休克、难以纠正的代谢性酸中毒和出凝血功能障碍及多器官功能衰竭等。值得注意的是重型、危重型患者病程中可表现为中低热，甚至无明显发热。轻型患者仅表现为低热、轻微乏力等，无肺炎表现。

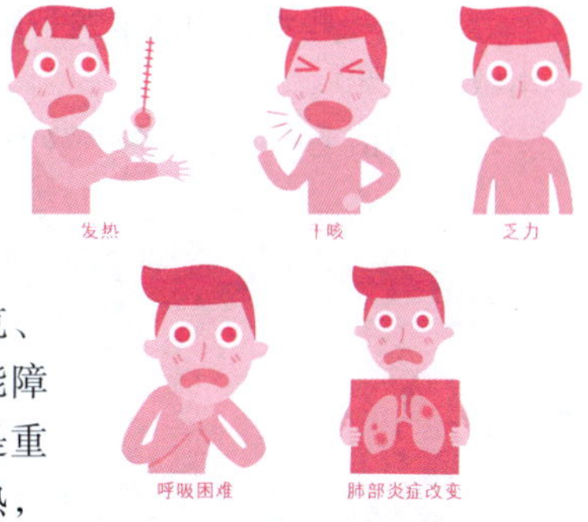

应急要点

1. 保持良好的呼吸道卫生习惯。咳嗽或打喷嚏时，用纸巾、毛巾等遮住口鼻，咳嗽或打喷嚏后及时洗手，避免用手触摸眼睛、鼻或口。

2. 勤洗手。使用肥皂或洗手液洗手，并用流动水冲洗，用一次性纸巾或干净毛巾擦手。双手接触呼吸道分泌物（如打喷嚏）应立即洗手。正确洗手方法如下。

① 用流动水将双手淋湿。

② 取适量肥皂或洗手液均匀涂抹双手。

③ 采用七步洗手法，认真搓洗双手至少20秒，见下图。

④ 用流动水冲洗干净双手。

⑤ 捧起一些水，冲淋水龙头后，再关闭水龙头（如果是感应式水龙头不用做此步骤）。

⑥ 用清洁毛巾或纸巾擦干双手，或用吹干机吹干。

3. 增强体质和免疫力。均衡饮食、适量运动、作息规律，避免产生过度疲劳。

4. 保持环境清洁和通风。每天开窗通风次数不少于3次，每次20~30分钟。户外空气质量较差时，通风换气频次和时间可适当减少。

5. 避免接触呼吸道感染患者；尽量减少到人群密集或空间密闭场所活动，如必须去则佩戴口罩。

6. 如出现呼吸道感染症状（如咳嗽、流涕、发热等），应居家隔离休息，持续发热不退或症状加重时及早就医。

7. 避免接触野生动物和家禽家畜。

8. 坚持安全的饮食习惯，食用肉类和蛋类要煮熟、煮透。

附录1 常用救助电话

公安报警	110
火警	119
医疗急救	120
交通事故	122
天气预报	12121
消费者投诉举报专线	12315
建设事业服务热线	12319
卫生热线	12320
食品药品安全投诉电话	12331
社会保障热线	12333
市长公开电话	12345
法律援助热线	12348
安全生产举报	12350
物价举报	12358
质监举报	12365
环保热线	12369
海上搜救与事故报警	12395
供电服务热线	95598
外交部全球领事保护与服务应急呼叫中心	12308

附录2 常用安全标志

注意安全
当心煤气
当心爆炸
当心火灾
当心机械伤人
小心路滑
当心烫伤
当心坠落
当心电缆
当心伤手
当心中毒
小心碰头
当心车辆
当心吊物
禁止带火种
禁止通行
禁止吸烟
禁止放易燃物
禁止跳下
禁止停留
禁止游泳
禁止饮用
禁止锁闭
禁止用水灭火
禁止燃放鞭炮
禁止烟火
禁止启动
注意通风
必须戴防尘口罩
必须戴防护镜

附录3 家庭常备急救物品

一、储备每人每天至少1升水（推荐用瓶装水）。

二、至少够每个人用1天的食品（如饼干、罐头等）。

三、常用应急用品：便携式收音机、备用电池、手电筒、卫生用品、火柴、哨子、一次性餐具、备用衣物、身份证复印件、现金、硬币、婴儿或患者的特殊用品、眼镜等。

四、医疗急救箱。

（1）敷料类：主要指医用纱布、棉棒、绷带、创可贴等。

（2）器材类：主要指体温计、医用一次性手套、止血带、医用镊子、医用剪刀、止血钳等。

（3）药品类：①外用药：酒精、紫药水、碘酒、清凉油、云南白药、红花油、眼药水、止痛贴膏、治过敏药等。②内服药：感冒药、解暑药、止痛药、晕车药、助消化胃药、止泻药等。

附录4 应急避险训练动画

应急避险训练动画资源获取方式：请扫码关注下方广东科技出版社有限公司服务号后下载至PC端（电脑）打开。此动画资源包括五项内容。

心肺复苏交互练习动画

休克应急避险交互练习动画

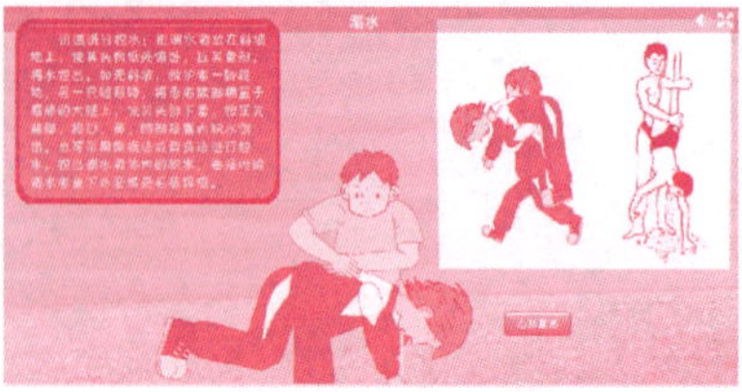

溺水应急避险交互练习动画

地震应急避险交互练习动画

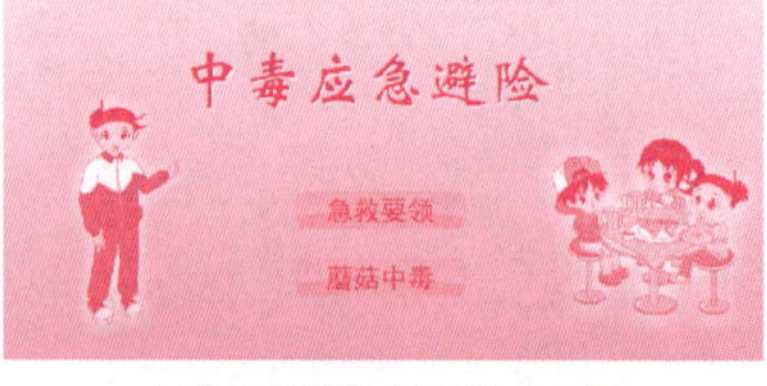

中毒应急避险交互练习动画

广东科技出版社有限公司服务号

附录5 本书编委会

主　编：田军章　叶泽兵

副主编：黎　程　劳炜东　乔国瑾

编　委：覃海森　曾　毓　李　洋

孙鸿涛　张晓霖　夏　飞